Hasan Uzun
Mustafa Caner Aküner

Yüksek Verimli ve Standart Asenkron Motorlarda Hız Kontrol Yöntemleri

Hasan Uzun
Mustafa Caner Aküner

Yüksek Verimli ve Standart Asenkron Motorlarda Hız Kontrol Yöntemleri

Türkiye Alim Kitapları

Impressum / Künye
Bibliografische Information der Deutschen Nationalbibliothek: Die Deutsche Nationalbibliothek verzeichnet diese Publikation in der Deutschen Nationalbibliografie; detaillierte bibliografische Daten sind im Internet über http://dnb.d-nb.de abrufbar.

Deutsche Nationalbibliothek tarafından yayınlanan bibliyografik bilgiler: Deutsche Nationalbibliothek, bu yayını Deutsche Nationalbibliografie'de listeler; detaylı bibliyografik bilgi İnternet'te http://dnb.d-nb.de sitesinde mevcuttur.

Coverbild / Kitap kapağı resmi: www.ingimage.com

Verlag / Yayıncı:
Türkiye Alim Kitapları
ist ein Imprint der / yayınevinin bir ticari markasıdır
OmniScriptum GmbH & Co. KG
Bahnhofstraße 28, 66111 Saarbrücken, Deutschland / Almanya
Email / E-posta: info@turkiye-alim-kitaplary.com

Herstellung: siehe letzte Seite /
Basım yeri: son sayfaya bakın
ISBN: 978-3-639-67185-8

Zugl. / Approved by: İstanbul, Marmara Üniversitesi, 2013

YÜKSEK VERİMLİ VE STANDART ASENKRON MOTORLARIN FARKLI HIZ KONTROL YÖNTEMLERİ İLE KARŞILAŞTIRILMASI

Hasan UZUN　　Mustafa Caner AKÜNER

İÇİNDEKİLER

ÖZET

YÜKSEK VERİMLİ VE STANDART ASENKRON MOTORLARIN FARKLI HIZ KONTROL YÖNTEMLERİ KULLANILARAK KARŞILAŞTIRILMASI

Gelişmiş ülkelerde üretilen toplam elektrik enerjisinin yarıdan fazlası elektrik motorlarıyla mekanik enerjiye çevrilmektedir. Endüstriyel sürücülerin en az % 90'ında asenkron motor yer almaktadır. Bu motorlarda yapılabilecek verim iyileştirmeleri büyük tasarruflar sağlayabilir. Elektrik motorlarındaki kayıpların minimuma indirilmesi ile elde edilen yüksek verimli motorlar hız kontrol sürücüleri ile kullanarak enerji tüketimi ve performans açısından daha verimli hale getirilebilir.

İlk olarak Asenkron motorlar skalar denetim yöntemleri ile kontrol edilmekteydi. Güç elektroniği elemanlarının hızlarının ve kapasitelerinin artmasıyla, daha hızlı mikroişlemcilerin üretilmesi ile vektör denetim yöntemleri kullanılmaya başlanmıştır. Asenkron motor denetiminde son yıllarda, stator akı ve elektromanyetik momentin her ikisinin aynı zamanda denetimi temel ilkesine dayanan direkt tork kontrol tekniği önerilmektedir.

Bu çalışmada, günümüzde asenkron motor sürücülerinde en çok kullanılan bu üç kontrol yöntemi; yüksek verimli ve standart asenkron motor üzerine uygulanarak gerçekleştirilen deneyler ve simülasyonlar ile yüksek verimli ve standart asenkron motor karşılaştırılmıştır.

SEMBOLLER

V	: Volt
n	: Devir sayısı
n_s	: Senkron dönme hızı
f	: Frekans
s	: Kayma
T	: Tork
I_r	: Rotor akımı
kwh	: Kilo watt-saat
Gwh	: Giga watt-saat
Twh	: Tera watt-saat
L_{ms}	: Stator mıknatıslanma endüktansı
L_{ls}	: Stator kaçak endüktansı
L_{lr}	: Rotor kaçak endüktansı
w	: Açısal hız
θ	: Açısal pozisyon
w_r	: Elektriksel rotor hızı
ϕs	: Hava aralığı akısı
Vs	: Stator gerilimi
I_a	: Endüvi akımı
I_f	: Uyartım akımı
K_t	: Motorun moment sabiti

KISALTMALAR

DA : Doğru Akım

AA : Alternatif Akım

DTC : Doğrudan Moment Kontrol

ASM : Asenkron Motor

EMK : Elektro Motor Kuvvet

DHS : Değişken Hız Sürücüsü

CEMEP : European Committee of Manufacturers of Electrical Machines and Power Electronics

EFF : Efficiency (Verim)

MMK : Manyeto Motor Kuvvet

FOC : Field Oriented Control

SVPWM : Space Vector Pulse Width Modulation

PWM : Pulse Width Modulation

DGM : Darbe Genişlik Modülasyonu

VSI : Voltage Supply Invertor

ŞEKİL LİSTESİ

TABLO LİSTESİ

1. GİRİŞ VE AMAÇ

1.1 Giriş

Günümüz endüstrisinde, asenkron motorlar (ASM) diğer motorlara kıyasla ucuz ve basit yapıda olmaları, patlayıcı ortamlar da dâhil her türlü kötü ortam şartlarında çalışabilmeleri ve az bakım gerektirmeleri gibi, bazı üstün özelliklerinden dolayı tercih edilirler ve çoğunlukla değişken hızlı tahrik sistemlerinde kullanılırlar. ASM'ların elektrik motorları arasındaki payının % 90 olduğu tahmin edilmektedir. Bu rakam ASM'un önemini belirtmeye yeter. [2, 3]

Dünyada sanayi üretimi büyük çoğunlukla elektrik motorlarına dayanıyor ve elektrik motorları milyarlarca insanın yaptığı işi gerçekleştiriyor. Bu nedenle elektrik motorlarının yüksek verimli olması büyük önem taşıyor. Bir ülkede en fazla elektrik tüketen kesimin sanayi olduğunu biliyoruz. Gelişmiş ülkelerde sanayinin tükettiği enerjinin dörtte üçü elektrik motorlarında kullanılıyor. Bu motorlarda yapılabilecek verim iyileştirmeleri büyük tasarruflar sağlayabilir.

Bir elektrik motorunun bağlı bulunduğu şebekeden çektiği enerjinin tamamı mekanik enerjiye dönüşemez. Elektrik motorunun milinden alınan faydalı güç; şebekeden çektiği güçten kayıp güçlerin çıkmış halidir. Motordaki enerji kayıpları motorun çalışması esnasında ısıya dönüşen enerjidir. Bu kayıpların minimuma indirilmesi ile elde edilen yüksek verimli motorlar, yalnızca ısı kayıplarını engellemekle kalmaz, aynı zamanda diğer tüm kayıpları da minimuma indirger. Yüksek verimli motorların diğer büyük bir avantaj ise değişken hız sürücüsü ile kullanımında gelişmiş kontrol karakteristiğine sahip olmalarıdır. [4, 5]

Yabancı uyartımlı doğru akım (DA) motorları hız denetiminin kolayca yapılabilmesi nedeniyle endüstride kullanılan değişken hızlı sürücü sistemlerinde uzun bir süre rakipsiz kalmışlardır. Ancak bu motorların en büyük dezavantajı olan komütatör ve fırça yapısı motorun hem belli aralıklarla bakım gerektirmesine hem de fırça ve komütatör teması nedeniyle patlayıcı, parlayıcı ve tozlu ortamlarda kullanılamamasına, yüksek devir sayılarına ve yüksek gerilimlere çıkılamamasına neden olmuştur. DA motorlarının pahalı olması, bakım ve işletme masraflarının yüksek oluşu, verimlerinin düşük olması, boyutlarının büyük oluşu gibi istenmeyen özelliklerden dolayı, ASM'ların kullanımı yaygınlaşmıştır. DA motorlarının dinamik davranış karakteristikleri daha iyi olmasına rağmen asenkron motorlar DA motorlarına göre yapısal olarak daha basittirler. Değişken hızlı sürücü uygulamalarında, uzun yıllar boyunca denetimlerinin kolay olması nedeniyle DA motorları tercih edilmesine rağmen teknolojideki ilerlemeler sayesinde DA sürücüler yerini hızla alternatif akım (AA) sürücülere bırakmaktadır. Güç elektroniği ve mikroişlemcilerdeki gelişmeler bu makinelerin hız kontrolünü sağladığından kullanım alanı daha da yaygınlaşmıştır. Günümüzde, hız denetimi gereksinimi olan uygulamaların % 80-85'inde ASM'lar kullanılmaktadır. ASM'ların; moment-hız karakteristiğinin aynı yük momentinde kararlı ve kararsız çalışma noktalarına sahip olmasından dolayı ani hız ve moment değişimlerinin motoru kararsızlığa götürmesi, serbest uyartımlı DA motorlarında olduğu gibi uyartım akısı ve moment akımlarının birbirinden bağımsız denetlenememesi en önemli sorunlarıdır. Bu durum ASM' ların sürücü özelliğini geliştirerek motor için özetlenen sakıncaları ortadan kaldıracak yeni yöntemlerin araştırılmasına neden olmuştur. [1, 6, 7, 8]

ASM' un hız ayarı, önceleri stator geriliminin, stator sargısı kutup çiftinin, stator frekansının, bilezikli tipte ise bunlara ilaveten rotor direncinin değiştirilmesi ile gerçekleştirilmekteydi. ASM' ların elektriksel ve mekanik dinamiği arasındaki doğrusal olmayan kenetleme etkisi nedeniyle, geleneksel denetim yöntemleri ile bu motorlardan yüksek performans elde edilmesi güçtür. ASM' ların kontrolünde, karmaşıklık derecesi farklı bazı denetim yöntemleri, sürekli durum modelinden çıkarılan skalar denetim yöntemi ve motorun dinamik modelinden elde edilen vektörel kontrol yöntemleri kullanılmaktadır. Günümüzde yaygın olarak asenkron motorun değişken hızlı tahrik sistemlerinin kontrolünde kullanılan yöntemlerini üç temel kısma ayırabiliriz. Bunlar;

- Skalar Kontrol (V / f Kontrol)

- Vektörel Kontrol (Alan Yönlendirmeli Kontrol - FOC)
- Dogrudan Moment Kontrol (DTC)

Skalar denetim, uygulanabilme kolaylığı nedeniyle değişken hızlı motor sürücülerinde günümüzde en bilinen ve yaygın olarak kullanılan hız denetim yöntemidir. Bu yöntemin temel özelliği; sıfır ile anma değeri arasındaki hızlarda statora uygulanan gerilimin frekansa (V/f) oranının, dolayısıyla da hava aralığı akısının ve indüklenen momentin sabit tutulmasıdır. Anma hızının üstündeki hızlarda gerilimin sabit tutulup frekansın arttırılması, dolayısıyla hava aralığı akısının zayıflatılması yoluyla hız denetimi yapılabilir. Skalar denetim yöntemlerinin kullanılması ile elde edilen değişken hızlı ASM sürücü sistemlerinin kararlı durum performansları iyi fakat dinamik cevaplama performansları iyi değildir. Hava aralığı akısındaki salanımlar dinamik tepkiyi kötüleştirir ve elektromanyetik momentte salınımlara neden olur. Yüksek performanslı sürücü sistemlerinde, momentte ve hızda salınımların olması istenmez. Bu tip uygulamalarda yüksek doğruluk, hızlı pozisyon ve hız denetimi gerekir. Akı ve moment ayrı ayrı kontrol edilirse bu sorunların üstesinden gelinebilir. Akı ve momentin ayrı ayrı kontrol edilmesi yöntemine vektör denetimi (alan yönlendirmeli denetim) adı verilir. [1, 7, 8].

ASM'un vektörel denetimi, momentin ve akının birbirinden bağımsız denetlenebilen bileşenlerden oluşturulması temeline dayanır. Burada istenen yapı DA motorlarındaki moment kontrol özelliklerinin elde edilmesidir. Vektör kontrollü ASM sürücüsü, yabancı uyartımlı DA motorlarına benzemektedir. ASM'larda ortaya çıkan akı ve moment arasındaki kenetleme etkisinin ortadan kaldırılarak yüksek performanslı sürücü sistemlerinde de kullanılabilmesi amacıyla standart hız-konum döngüsünden başka daha içte bir döngü oluşturacak şekilde vektör denetim yöntemleri geliştirilmiştir. Vektör denetimi ile motorun akısı ve momenti arasındaki kenetleme etkisi ortadan kaldırılmakta ve bu iki büyüklük ayrı ayrı denetlenebilir hale gelmektedir. İlk olarak Hasse ve Blasche tarafından ortaya atılan alan yönlendirme yöntemi ile ASM'ların momenti birbirinden bağımsız akı ve moment bileşenleri üzerinden denetlenir. Temel olarak bütün döner alanlı motorlara uygulanabilen bu yöntem doğrudan ve dolaylı alan yönlendirmeli olarak iki değişik şekilde gerçekleştirilebilir.

ASM denetiminde son yıllarda, stator akı ve elektromanyetik momentin her ikisinin aynı zamanda denetimi temel ilkesine dayanan doğrudan moment kontrol (DTC) tekniği önerilmektedir. DTC, ASM' un vektör kontrolüne alternatif olarak geliştirilen bir yöntemdir. DTC'nin temeli, alan yönlendirmeli ve kendinden denetim teorisine dayanır. DTC' de motorun akısı ve momenti, motorun ölçülebilen büyüklükleri olan stator akım ve geriliminin ani değerleri kullanılarak hesaplanır ve anahtarlama dizisi elde edilerek uygun gerilim vektörleri eviricideki güç anahtarlarına uygulanır. Bu anahtarlama dizisi daha önceden belirlenmiş olan bir anahtarlama tablosundan seçilir. Böylelikle akı ve moment hatasında oluşabilecek değişimler anında düzeltilebilir ve motordan hızlı bir moment cevabı elde edilir. DTC' nin vektör denetime göre daha kolay uygulanabilmesi nedeniyle son yıllarda bu alanda yoğun çalışmalar yapılmaktadır. [1, 8].

1.2. Amaç

Gelişmiş ülkelerde sanayinin tükettiği enerjinin dörtte üçü elektrik motorlarında kullanılıyor. Bu motorlarda yapılabilecek verim iyileştirmeleri büyük tasarruflar sağlayabilir. Motorlardaki kayıpların minimuma indirilmesi ile elde edilen yüksek verimli motorlar, yalnızca ısı kayıplarını engellemekle kalmaz, aynı zamanda diğer tüm kayıpları da minimuma indirger.

ASM'lar çeşitli üstün özelliklerinden dolayı endüstride değişken hızlı sürücü uygulamalarında yaygın olarak kullanılırlar. Günümüzde, hız denetimi gereksinimi olan uygulamaların % 80-85'inde ASM'lar kullanılmaktadır. Bu rakam ASM'un önemini belirtmeye yeter. Bu nedenle bu motorların hem performans hem de enerji verimliliği açısından incelenmesi gerekir. Bununla beraber, geliştirilen yüksek verimli ASM' ların ve motor sürücüde kullanılacak kontrol yöntemleri incelenmelidir.

Bu kitaptaki amacımız aynı özelliklerdeki (güç, gerilim, devir sayısı) yüksek verimli ve standart asenkron motoru, günümüzde yaygın olarak kullanılan skalar, vektörel ve doğrudan moment kontrol prensipli hız kontrol sürücüleri ile çalıştırarak performans ve verimlilik açısından incelemektir. Bununla beraber, bu üç kontrol yönteminin de karşılaştırılması amaçlanmaktadır. [2, 3]

2. ASENKRON MOTORLAR VE KONTROLÜ

Bu bölümde asenkron motorlar, yüksek verimli motorlar, asenkron motor matematiksel modeli ve asenkron motor kontrolünde kullanılan skalar, vektörel ve doğrudan moment kontrol (dtc) prensipleri hakkında genel bilgiler verilmiştir.

2.1. Asenkron Motorlar

İlk defa 1891 yılında Nikola Tesla tarafından gerçekleştirilen çok fazlı endüksiyon motoru, daha sonraki yılların teknolojik gelişme olanakları ile basit ve sağlam bir yapıya kavuşturulmuş olup, bugün uygulamada kullanılan, değişken olmayan frekanslı alternatif akım makinelerinin %80' ini oluşturur. Bununla birlikte değişken kutuplu stator sargılı, çift kafesli rotorlu ve yarı iletken elemanlardan oluşturulan frekans değiştirme düzenleri yardımı ile değişik hız ve frekanslarda çalışabilen endüksiyon motorları da gerçekleştirilmiştir. [9]

Asenkron motorların (ASM) elektrik motorları arasındaki payının %90 olduğu tahmin edilmektedir. Bu rakam ASM' un önemini belirtmeye yeter. Geri kalan küçük kısımda senkron motorlar ve çeşitli kolektörlü motorlardır. Endüstride kullanılan elektrik makinelerinden en sağlam olanı, en az arıza yapanı, en ucuz olanı ve en çok kullanılanı asenkron makinelerdir. Çalışma ilkesi bakımından bu makinelere "İndüksiyon Makineleri" de denmektedir. Bu makineler endüstride genellikle motor olarak çalıştırılırlar; fakat belirli koşulların sağlanması halinde jeneratör olarak da kullanılabilirler. [2, 3]

Endüksiyon motorları, rotor sargılarının yapılışına göre iki gruba ayrılırlar:

i) **Rotoru sargılı olan endüksiyon makineleri**: Bu tip makinelerde, rotor sargıları kutup sayısı, stator sargıları kutup sayısına eşit olacak şekilde düzenlenir ve sargı uçları, mil üzerine izole olarak yerleştirilen bilezikler yardımı ile dışarıya çıkarılarak karbon fırçalar yardımı ile dış devreye bağlanır veya kısa devre edilir. Bu nedenle bu tip makinelere "bilezikli endüksiyon makineleri" denilir.

ii) Kısa devre kafes rotorlu endüksiyon makineleri: Bu tip makinelerde rotor sargısı, rotor üzerine mil eksenine paralel olarak açılan oluklara yerleştirilen çubuk şeklindeki bakır iletkenlerden oluşur. Bu iletkenler rotor uçlarında bakır bilezikler yardımı ile kısa devre yapılarak kısa devre kafesli rotoru oluşturulur. Bu tip makinelerin yapılışları bakımından basit ve dayanıklı olmaları, bunların kullanılma alanlarının genişlemesini önemli derecede kolaylaştırmıştır. [2, 9]

Sanayide ve diğer birçok alanda büyük çoğunlukla kullanılan kafesli tip ASM yapımı en kolay, en dayanıklı, işletme güvenliği en yüksek, bakım gereksinimi en az ve en yaygın elektrik motorudur. Kafesli ASM' un sakıncası kalkış momentinin nispeten küçük, kalkış akımının büyük olmasıdır. Bilezikli motorun yararı, rotor devresine bağlanan ek dirençler ile kalkış akımının istendiği kadar azaltılabilmesi, kalkış ve frenleme momentinin artırılabilmesidir. Rotor devresine konan dirençler ayrıca hız ayarını, doğru akımla frenlemede fren momentini ayarlamayı olanaklaştırır. ASM uygulamalarının büyük bir çoğunluğu 3 fazlı sincap kafes rotorlu motorlarla gerçekleştirilmektedir. Bu nedenle bu kitapta 3 fazlı sincap kafes rotorlu ASM göz önüne alınacaktır. [2, 3, 10]

2.1.1. Çalışma Prensibi

Asenkron makinelerinde gerek stator gerekse rotor sargıları alternatif akım ile beslenir. Ancak, rotor devresi elektro motor kuvveti (EMK) stator devresinde yaratılan manyetik döner alanın etkisi ile ve elektromanyetik endüksiyon yolu ile oluşur. Stator sargıları aralarında 120 elektriksel derece faz farkı bulunan üç fazlı sarımlardan oluşur. Stator sargıları üç fazlı dengeli bir AA kaynağına bağlandığında hava aralığında senkron dönüş hızı ve uygulanan gerilimin frekansına bağlı olan bir döner manyetik alan oluşur. Stator sabit olduğu halde, döner alanlar ortada bulunan kısa devreli rotorun çubuklarını kestiğinden, rotorun çubuklarından endüksiyon akımlarının geçmesine neden olurlar. Bu endüksiyon akımları rotorun kutup alanlarını meydana getirirler. Döner stator kutup alanları rotorun kutuplarını etkileyerek (benzer kutuplar birbirini iter, zıt kutuplar birbirini çeker prensibinden hareket ile) N kutbunun altındaki rotor çubukları bir yöne, S kutbunun altındaki rotor çubukları diğer yöne doğru iterler. Bu itme kuvvetlerinin meydana getirdiği döndürme momenti rotorun döner alan yönünde dönmesini sağlar. [9, 11]

Bir ASM rotorunun, stator döner manyetik alanı yönünde n devir sayısı ile döndüğünü düşünelim. Döner manyetik alanın Eş. 2.1 eşitliğine göre oluşan senkron dönmc hızı n_s olsun. Bu durumda döner magnetik alanın rotor sargılarını kesme hızı, n_s - n olur. Buna göre rotorun, senkron döner alanın dönüş hızına göre kayma miktarı per-unit olarak Eş. 2.2 eşitliğinde ve rotorun dönüş hızı Eş. 2.3' deki gibi olacaktır.

$$n = \frac{120 * f}{p} \qquad \textbf{(2.1)}$$

$$\mathrm{s} = \frac{\mathrm{n_S} - \mathrm{n}}{\mathrm{n_S}} \qquad \textbf{(2.2)}$$

$$\mathrm{n} = \mathrm{n_S} * (1 - \mathrm{s}) \qquad \textbf{(2.3)}$$

Döner alanın rotor sargılarında indüklediği gerilimin frekansına "kayma frekansı" denilir. Bu açıklamaya göre endüksiyon makinesindeki olaylar bir transformatörde oluşan olaylara benzemekte olup iki cihaz arasındaki en önemli ayrıcalık, endüksiyon makinesinde sargılardan birisinin hareketli olması nedeni ile indüklenen gerilimin frekansının da besleme gerilimi frekansından farklı olmasıdır. Bu nedenle endüksiyon makineleri frekans değiştirici olarak kullanılırlar. [9]

Şekil 2.1'de kısa devre kafes rotorlu bir ASM' un moment-hız diyagramı görülmektedir.

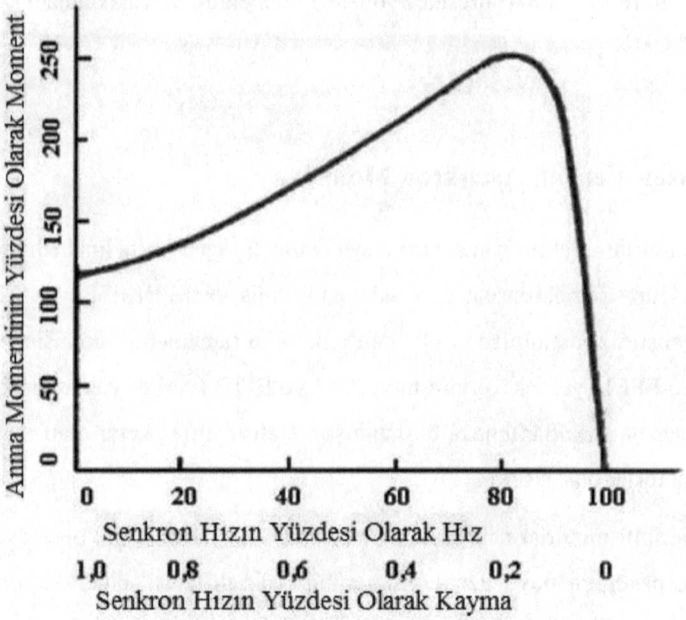

Şekil 2.1. Asenkron Motorun Moment-Hız (Kayma) Diyagramı

Moment-hız diyagramının oluşumuna etki eden faktörler ise Eş. 2.4 moment eşitliğinden görülebilir.

$$T = K * I_r * \sin \delta_r \quad \textbf{(2.4)}$$

Burada K, makinenin boyutlarına bağlı değişmeyen bir büyüklüktür. Rotor akımı I_r, rotor sargılarında kayma frekansında endüklenen gerilim ve rotor sargıları kaçak empedansı ile orantılıdır. Kısa devre kafesli motorlarda, yüklü çalışmada kayma değeri yüzde 2 ile 5 arasında ve kayma frekansı 2 ile 5 Hertz (periyot) arasında oluşur. Kısa devre kafesli ASM'ları senkron hızdan yüzde 2 ile 5 kadar daha düşük bir hızda çalışırlar ve devir sayısı, değişmeyen yüklenme hallerinde pratik olarak değişmez. Bu makinelerde devir sayısı, ancak sargılı rotorlu tiplerde, rotor devresine bilezikler yardımı ile ek dirençler sokularak değiştirilebilir. Ancak normal işletmede bu usul yalnızca motorun yol alma süresince yol alma momentini artırmak amacı ile kullanılır. [9]

2.2. Yüksek Verimli Asenkron Motorlar

Elektrik motorları üretim aşamasında genel olarak üç ayrı sınıfta imal edilmektedir. Bu sınıflar Avrupa standartlarına göre isimlendirilmiş ve EFF1,EFF2 ve EFF3 olarak adlandırılmıştır. Zamanımızda EFF3 sınıfı motorlar tamamen ya da kısmen üretimden kalkmış ve EFF1 (yüksek verimli motorlar) ve EFF2 (verimi yükseltilmiş motorlar) çoklukla sanayide kullanılmaya başlanmıştır. Çalışmamıza konu olan motorlarda bu iki sınıf motorlar olacaktır. [4]

Yüksek verimli motorların imalatında kullanılan iki farklı teknoloji mevcuttur. Biri motor sac paketinin boyu uzatılarak verimin yükseltilmesi, diğeri de daha yüksek kaliteli sac ve bakır kullanarak yapılan tasarımdır. Ayrıca rotoru bakır enjeksiyon tekniğiyle üretilen motorlar da yeni nesil yüksek verimli motorlar olarak ön plana çıkıyor. Ayrıca bu tip motorlarda daha iyi soğutma sağlanması için fan yapısı da özel olarak tasarlanmıştır. Dolayısıyla da ısıya giden kayıp enerji minimize edilmiş olmaktadır. Bir elektrik motorunun bağlı bulunduğu şebekeden çektiği enerjinin tamamı mekanik enerjiye dönüşemez. Elektrik motorunun milinden alınan faydalı güç; şebekeden çektiği güçten kayıp güçlerin çıkmış halidir. Motordaki enerji kayıpları motorun çalışması esnasında ısıya dönüşen enerjidir. Bu kayıpların minimuma indirilmesi ile elde edilen yüksek verimli motorlar, yalnızca ısı kayıplarını engellemekle kalmaz, aynı zamanda diğer tüm kayıpları da minimuma indirger. Diğer büyük bir avantaj ise değişken hız sürücüsü (DHS) ile kullanımında gelişmiş kontrol karakteristiğine sahip olmalarıdır. [5]

2.2.1. Neden Enerji Tasarruflu Motorlar Kullanmalıyız?

Elektrik enerjisi bugünkü uygarlığın temeli, sanayinin itici gücüdür. Eskiden elektrik enerjisi kullanırken tasarrufu pek düşünmezdik. Fakat 1971 petrol bunalımından sonra herkeste yeni bir tasarruf bilinci uyandı. Artık elektrik enerjisi tasarrufunu tek boyutlu düşünmemek gerekir. Biliyoruz ki, bu enerjiyi elde etmek için kullandığımız fosil yakıtlar, kömür, petrol, doğalgaz her gün azalmakta ve tükenmektedir. Bunun kadar önemli bir nedenimiz daha var. O da fosil yakıtların aynı zamanda çevre kirleticisi olmalarıdır. Bugün ürettiğimiz her kilovat–saat enerji için fosil bir yakıt kullandığımızda havaya önemli bir miktarda karbondioksit bırakıyoruz. İklim değişiklikleri ile de gördüğümüz gibi, ne kadar zengin olursak olalım, istediğimiz kadar elektrik enerjisi üretemeyiz ve tüketemeyiz. [4]

Dünya genelinde asenkron motorlar tarafından tüketilen enerji miktarının %1'nde yapılacak tasarruf ile yıllık 20 Milyar kwh enerji kazanılmakta olup bu enerji 36,5 Milyon varillik petrolden elde edilen enerjiye eşittir. Önümüzdeki 10 yıl içinde Türkiye'de satılacak endüstriyel motorun tümünün yüksek verimli sınıfında olması durumunda yaklaşık 36.500 Gwh enerji tasarrufu gerçekleştirilebilir. Bu değer Keban Barajı' nın yaklaşık 3 yıllık enerji üretim kapasitesine eşdeğerdir. [5]

2.2.2. Elektrik Motorlarında Enerji Tasarrufu

Bizim bugün konumuz, enerji tasarrufunu elektrik motorları açısından ele almaktır. Dünyada sanayi üretimi büyük çoğunlukla elektrik motorlarına dayanıyor ve elektrik motorları milyarlarca insanın yaptığı isi gerçekleştiriyor. Bu nedenle elektrik motorlarının yüksek verimli olması büyük önem taşıyor. Bir ülkede en fazla elektrik tüketen kesimin sanayi olduğunu biliyoruz. İleri ülkelerde sanayinin tükettiği enerjinin dörtte üçü elektrik motorlarında kullanılıyor. Bu motorlarda yapılabilecek verim iyileştirmeleri büyük tasarruflar sağlayabilir. [4]

Yüksek verimli motorlarda yüzde 4'lük bir verim artısı yapıldığı varsayıldığında, yalnız Almanya'da yılda 2,7 TWh ve 200 milyon Euro tasarruf edilebileceği hesaplanıyor. Enerji tasarrufu yalnız yüksek verimli motorlarla yapılmaz, hızı ayarlanabilir motorlar daha önemli bir tasarruf kaynağıdır. Bugün kabul ettiğimiz tasarruf oranı, hızı ayarlanabilir motorlarda ortalama % 40'tır. Yani verim yükseltilmesine göre 10 kat daha büyük bir enerji tasarrufu gerçekleştirilebilir. Eğer Almanya örneğinde hız ayarını motorların sadece % 30'una uygulayacak olursak, 16 TWh yani 1.2 milyar Euro tasarruf edilebilir. İki tasarrufun toplamı 19 TWh eder. Kilovat-saat basına üretilen karbondioksitin yaklaşık 0.6 kg olduğu biliniyor. Buna göre sadece Almanya'da yalnız bu iki tasarruf kaynağı ile atmosfere 11 milyar kilogram karbondioksit daha az bırakmış oluyoruz. Gelecek kuşağa iyi bir dünya bırakmak görevimizi düşünürsek, bu tasarrufların önemi daha iyi anlaşılır. [4]

2.2.3. Enerji Tasarruflu Asenkron Motorlar

Asıl konumuz olan "Enerji tasarruflu elektrik motoru" yeni bir kavramdır. Senelerdir elektrik motoru yaparken, hep ağırlığını azaltmaya çalıştık. Ancak son yıllarda ortaya çıkan yeni görüşte artık ağırlığı azaltmak ikinci plana itilmiştir. Onun yerine verimi yükseltmek, gerekirse ağırlığını artırmak gündeme gelmiştir. [4]

Enerji tasarruflu motorlarda ayrı bir isimlendirme gerekmiştir. Ayrı standartlara göre yapılan ABD enerji tasarruflu motorlarına EPACT (Enrgy Policy Act) motorları, Avrupalılarınkine CEMEP (European Committee of Manufacturers of Electrical Machines and Power Electronics) motorları denir. Avrupa Birliği'nin onayladığı, teşvik ettiği ve ileride yasal bir düzenlemeyle desteklemek istediği yeni motor kuşağı CEMEP motorları en fazla kullanılan 1.1...90kW güçlerinde, en yaygın kutup sayıları 2 ve 4, en önemli koruma sınıfı IP 54 veya IP 55 için yalnız sincap kafesli asenkron motor türünde yapılmaktadır.

İsletme türü olarak S1.....S9 arasından S1 yani sürekli işletme seçilmiştir. O halde enerji tasarruflu Avrupa motorlarının kapsamı belirttiğimiz çerçeve içindedir. Bunun dışında kalan tek fazlı asenkron motorlar, kutup sayısı 2 ve 4'ten farklı olanlar, gücü 1.1 kW' ın altında veya 90kW'ın üstünde olanlar CEMEP motoru olarak yapılmamaktadır. [4, 12]

2.2.4. Motorlarda Kayıplar ve Verimin Yükseltilmesi

Acaba bu tür motorlarda verim nasıl yükseltilmektedir? Verimi yükseltmek demek kayıpları azaltmak demektir. Bunu gerçekleştirebilmek için motor fabrikalarının çok yönlü araştırma ve geliştirme yapmaları gerekmiştir. Özellikle kayıpları azaltmak için motor fabrikaları seferber olmuştur. Bunlar arasında Türk yapımcılar kendi yaptıkları çalışmalar ile Avrupa standardında enerji tasarruflu motor üretmeyi başarmıştır. [4]

Asenkron motorlarda baslıca beş türlü kayıp vardır. Önce sürtünme kayıplarını ele alalım. Motorlarda kullanılan yuvarlanmalı yataklar çok yüksek verimle çalışan üstün yataklar olduğundan burada yapılabilecek fazla bir şey yoktur. Sürtünme kayıplarının önemli bir bölümü soğutma pervanesinden kaynaklanır. Pervaneyi en uygun tasarlayarak, bu kayıpları özellikle büyük motorlarda önemli ölçüde azaltmayı biliyoruz. Sürtünme kayıpları toplam kayıplar içinde % 5....10'luk bir paya, demir kayıpları ise % 15.....20'lik bir paya sahiptir. O halde demir kayıplarını azaltmada elde edilecek bir başarı verimi yükseltmede daha etkili olabilir. Bu konuda yeni bir teknik bulunmuş değildir. Eskiden beri bildiğimiz yöntemleri uygulamak yeterlidir: Önce sac kullanmak, içine silisyum katmak, sacları yalıtmak, işletmeyi özenle gerçekleştirmek. Kayıpları azaltmak için iyi sac kalitesi yanında çok sac kullanmak, başka bir deyişle ağırlığı arttırmak zorundayız. Bu nedenle yeni motorlar düşük verimli eski motorlara göre biraz daha ağır olmaktadır. [4]

Motor kayıplarında en önemli paya sahip olan stator sargısının kayıplarıdır. Bu pay küçük motorlarda % 50'ye kadar çıkar. Bunları azaltmanın yolu sargı uzunluğunu kısaltmaktan ve daha çok bakır kesitini artırmaktan geçer. Ancak oluklarda yeterli yer bulunmadığı için bakır kesitini fazla arttıramayız. Sonuçta aldığımız tüm önlemlere rağmen sargının direnci pek azaltılamaz. O zaman bu kayıpları azaltmanın olanağı var mıdır? Bakır kayıpları dirence ve akımın karesine bağlıdır. Azaltma olanağı iki değişkene bağlıdır. Bir üçüncüsü yoktur. Pratikte akımı azaltmaya çalışıyoruz ve bunu bir ölçüde başarıyoruz. Çünkü sac paketinin boyunu uzatınca demirin kullanımı düşüyor ve gerektirdiği boşta akım azalıyor. Bunun sonucunda stator akımı küçülüyor, bakır kayıpları azalıyor. Ama ne yazık ki büyük ölçüde değil. İleride süper iletkenlik çevre sıcaklığında veya ona yakın bir sıcaklıkta gerçekleştirilebilirse, bu yeni teknoloji sayesinde stator bakır kayıplarını sıfırlamak mümkün olacaktır. [4]

Rotor sargısındaki kayıplara gelecek olursak, buradaki yer durumu statordakinden daha kısıtlıdır ve normal tekniklerle fazla bir ilerleme yapmamız mümkün değildir. Stator sargısında daima bakır kullandığımız halde rotor kafesi, basınçlı döküm tekniği nedeniyle, çok kez alüminyumdan yapılır. Rotorun kafesini alüminyum yerine bakırdan yaparsak, özgül iletkenlik 33'ten 56 Sm/mm2'ye çıkar. Ancak alüminyumu 700°C' de, bakırı ise 1100 °C' de dökmemiz gerekiyor. Bakırdan kafes yapmayı eskiden beri düşünmüşüzdür. Ama teknik zorlukları nedeniyle bu çözüm ekonomik olmuyordu. Bakırın dökümünde, yüksek sıcaklığın yanında, bakırı temiz tutmak da büyük bir güçlüktür. Simdi bir Avrupa firması (*Sew Eurodrive*), bakır basınçlı döküm tekniğini yeterince geliştirerek, belirtilen güçlüklerin üstesinden gelmeyi başarmıştır. Motorlardaki beş kayıptan sonuncusu, neredeyse asenkron motorun bulunduğu günden beri tartışılan, hesaplanması ve ölçülmesi güç ek kayıplardır. Mekanik kayıplar gibi payları % 5....10 arasındadır. Bu kayıplar motorun üretim kalitesine, hava aralığının düzgünlüğüne, kafes ile sac paketi arasındaki elektriksel bağlantıya, rotor sac paketinden geçen enine akımlara bağlıdır. Hesaplama ve ölçme güçlüğü nedeniyle ek kayıplar için Avrupa standartlarında çok basit bir belirleme yöntemi kabul edilmiş ve anma işletmesinde bu kayıplar motorun aldığı gücün yani yaklaşık anma gücünün % 0.5'ine eşit varsayılmıştır. Bu uygulamanın hatalı olduğunu çok iyi biliyoruz. Küçük motorlarda gerçek ek kayıplar hesaplanan değerin 7....8 katına çıkabilir, dolayısıyla verim olduğundan yüksek bulunur. Büyük motorlarda ise hesaplanan ek kayıplar gerçek değerinden daha büyük yani hesaplanan verim gerçek değerinden daha küçüktür. Bu sakıncaları gidermek ve ek kayıpları daha sağlıklı hesaplayabilmek için simdi yeni bir standart taslağı hazırlanmıştır. [4, 13]

2.2.5. Verim Sınıfları

Enerji tasarruflu motorların diğer pek çok özelliği gibi verimlerini de bir standarda bağlamak gerekmiştir. CEMEP motorlarında üç verim sınıfı ayırt edilir ve bunlar EFF (efficiency) simgesi ile gösterilir: EFF1, EFF2, EFF3. Bir motor bu sınıflardan hangisine uyuyorsa, plakasından logo ile beraber onun simgesi yazılır.

En yüksek verimli motorlar EFF1, ondan sonra gelen iyileştirilmiş verimli motorlar EFF2 ve şimdiye kadar piyasada bulunan normal verimli motorlar EFF3 sınıfındandır. Örneğin 15 kW, 4 kutuplu bir asenkron motorun verimi $\geq$ % 91.8 ise verim sınıfı EFF1, verimi $\geq$ % 89.4 ise verim sınıfı EFF2 ve verimi $<$ % 89.4 ise verim sınıfı EFF3 olur. Görüldüğü gibi, EFF2 ve EFF3 sınıflarının sınır değerler aynıdır yani bu sınır değerlerin üstünde EFF2, altında EFF3 sınıfı yer alır. O halde motor plakasına bakarak bir motorun bu sınıflardan hangisinde yapılmış olduğu yani verim kimliği hemen anlaşılabilir. [4]

2.2.6. Pratik Uygulama ve Ekonomik Karşılaştırma

Enerji tasarruflu motorlar Türk yapımcılar tarafından da üretiliyor ve dünyanın birçok ülkesine satılıyor. Bu sayede bu motorlar yerli üretim fiyatlarında alınabiliyor ve gereksinim duyulan bilgiler kolayca sağlanabiliyor. Uygulamada yüksek verimin elbette bir bedeli olacaktır. En yüksek verimli motorlar en pahalı motorlar, orta verimdekiler orta fiyatta olanlar ve en ucuz motorlar artık kullanılmaması gereken EFF3 sınıfındakilerdir.

Pratik motor seçilirken, uygulamada karşılaşılan günlük işletme süresi, yükleme, yol verme ve frenleme sıklığı göz önüne alınır. Günlük işletme süresi ve yükleme oranı yüksek, yol verme ve frenleme sıklığı düşük olan durumlarda yüksek verimli motorların kullanılması genellikle isabetli olur. Hız ayarı gerekiyorsa, frekans dönüştürücü öngörülmelidir. [4]

Yüksek verimli asenkron motorlar elektrik enerjisinin tasarrufunda önemli katkılar sağlayabilir. Türk yapımcıların çok başarılı oldukları bu konuda işletmeciler bilinçli davranmalı ve olabildiğince enerji tasarruflu motorlar kullanmayı bir görev saymalıdır. Son olarak tasarruf için sadece motora değil, tüm tahrik elemanlarına bakmanın gerekli olduğuna işaret edelim. Bunlar arasında kayış kasnak düzenine, dişli kutusuna özellikle dikkat edilmelidir. Frekans dönüştürücüler yüksek nitelikli olmalıdır. Küçük güçlerde motor üstüne yerleştirilebilen frekans dönüştürücüler ne kablo, ne pano, ne de dolap gerektirir. [4]

Dünyada sanayi üretimi büyük çoğunlukla elektrik motorlarına dayanıyor ve elektrik motorları sanayide milyarlarca insanın yaptığı isi gerçekleştiriyor. Bu nedenle sanayide yapılacak "Elektrik Enerjisinde Enerji Verimliliği" çalışmalarına elektrik motorları ve motorların kontrol yöntemlerinde başlamak hızlı ve etkin sonuçlar verebilmektedir.

Elektrik motorları değişken hız sürücüleri ile kullanarak hızlarının kontrol edilmesi yoluyla, enerji tüketimi açısından daha verimli hale getirilebilir. [4, 14]

2.2.7. Değişken Hız Sürücülerinin (DHS) Verimlilikteki Rolü

Bir sitemin verimliliği için sadece yüksek verimli elektrik motoru kullanmak yeterli değildir, aynı zamanda uygun güçte elektrik motoru seçimi ve motoru en yüksek verim bölgesinde çalıştırmak da gereklidir. Elektrik motorları nominal gücünde en yüksek verimi sağlamak üzere dizayn edilirler dolayısıyla gerekli güçten daha büyük ya da daha küçük güçte elektrik motoru kullanımı motorun verimsiz çalışmasına sebep olur. Bununla birlikte motorun değişken yüklere göre hız kontrol cihazıyla uygun devir sayısında ve en yüksek verim bölgesinde çalıştırılması da sistem verimliliği açısından gereklidir. Bilindiği üzere ASM' lar kalkışta nominal akımın 6-7 katı kadar akım çekerler, bu da sistemde aşırı kayıplara sebep olur. Bu yüzden motora dur kalk yaptırmak yerine motoru hız kontrol cihazıyla sürekli olarak gerekli devir sayısında çalıştırmak sistem verimi açısından daha faydalıdır. [15]

Değişken Hız Sürücüleri (DHS), değişkenlik gösteren proses ihtiyaçlarını yüksek hassasiyetle karşılayacak uygun motor çıkış parametrelerini (moment, hız) kontrol eder. DHS' lerin en verimli kullanıldığı alanlar değişken yük uygulamalarıdır.

İşletmelerde değişken yük uygulamasına en yaygın örnekler; pompa, kompresör ve fanlardır. Uygulamada ihtiyaç duyulan değişken basınç, debi, akışkan vb. karakteristiklerin sağlanması için sisteme klape, vana, by-pass vb. kontrol elemanları ilave edilmesi günümüzde tercih edilen yöntemlerdir. Bu kontrol elemanları sistem verimliliğini olumsuz yönde etkilemektedir. Düşük verimlerde fan ve pompa tahrik sistemlerinde, moment ve gücün karesel ve küpsel değişimleri nedeniyle ciddi enerji tasarrufu imkânı vardır. Bu nedenle DHS' ler ile birlikte verimli motorların kullanılması günümüzde kullanılan en optimum çözüm olarak karşımıza çıkmaktadır. [14]

Değişken hız sürücüleri(DHS) kullanarak, işletme şartlarına göre değişmekle birlikte, basınçlı hava sistemlerinde % 5- % 50, pompalarda % 15 - % 50 arası enerji tasarrufu imkânı vardır. [14]

2.3. Asenkron Motor Kontrol Yöntemleri

Endüstriyel uygulamalarda elektrik motorlarının kontrol edilmesi amacıyla kullanılan değişken hızlı sürücüler, motor mili vasıtasıyla şebekeden yüke verilen enerjinin ve moment ile hız büyüklüklerinin kontrolünü sağlar. Uygulamalarda, moment ve hız büyüklüklerinden sadece birisi kontrol edilerek moment veya hız kontrolü yapılır. Sürücü moment kontrol modunda çalıştığında, hız yük tarafından belirlenir. Moment, makinedeki gerçek akım ve akının bir fonksiyonudur. Benzer şekilde sürücü hız kontrol modunda çalıştığında, moment yük tarafından belirlenir. Değişken hızlı sürücüler (DHS); pompa, fan, vinç, asansör, torna tezgâhı, hadde tezgâhı, kağıt makinesi ve sarma makinesi gibi farklı yükleri besleyen elektrik motorlarının kontrolünde endüstride yaygın olarak kullanılmaktadır. Ayrıca, günümüz endüstrisinde, çok pahalı olan ve sık bakım isteyen DA motorları yerine, oldukça ucuz fakat sağlam olan ve bakım istemeyen sincap kafesli asenkron motorların yaygın olarak kullanıldığı bilinmektedir. [16]

Yabancı uyartımlı DA motorları hız denetiminin kolayca yapılabilmesi nedeniyle endüstride kullanılan DHS sistemlerinde uzun bir süre rakipsiz kalmışlardır. Ancak bu motorların en büyük dezavantajı olan komütatör ve fırça yapısı motorun hem belli aralıklarla bakım gerektirmesine hem de fırça ve komütatör teması nedeniyle patlayıcı, parlayıcı ve tozlu ortamlarda kullanılamamasına, yüksek devir sayılarına ve yüksek gerilimlere çıkılamamasına neden olmuştur. Bütün bu dezavantajları nedeni ile değişken hızlı tahrik sistemlerinde DA makinesi yerine, güvenle kullanılacak başka bir makinenin yerleştirilebilmesi için mikro elektroniğin günümüzde ulaşmış olduğu teknolojik seviyeye gelmesinin beklenmesini gerektirmiştir.

DA motorlarının dinamik davranış karakteristikleri daha iyi olmasına rağmen ASM'lar DA motorlarına göre yapısal olarak daha basittirler. Asenkron makineler sağlam yapıları, bakım gerektirmemeleri, yüksek güç/ ağırlık oranları ve her türlü ortam koşullarında çalışabilmeleri gibi üstün özellikleri nedeniyle uzun süreden beri kullanılmakta ve endüstrinin ilgisini çekmekteydiler. Fakat ASM' un denetiminde, doğrusal olmayan yapısından kaynaklanan karmaşık denetim ve dönüşüm algoritmaları gerekir. DA motoru ise doğrusal bir denetim yapısına sahiptir. Çünkü DA motorunda akıyı ve momenti oluşturan akım bileşenleri birbirinden bağımsız olarak denetlenebilmektedir. Bu sayede akı sabit tutulduğundan, moment kendini oluşturan akım bileşeni ile doğrusal olarak denetlenebilmektedir. Momentin akım ile denetimi momentin değişimlere hızlı tepki vermesini sağlar.

ASM'ların elektriksel ve mekanik dinamiği arasındaki doğrusal olmayan kenetleme etkisi nedeniyle, geleneksel denetim yöntemleri ile bu motorlardan yüksek performans elde edilmesi güçtür. ASM' ların kontrolünde, karmaşıklık derecesi farklı bazı denetim yöntemleri, sürekli durum modelinden çıkarılan skalar denetim yöntemi ve motorun dinamik modelinden elde edilen vektörel kontrol yöntemleri kullanılmaktadır. Günümüzde yaygın olarak ASM' un değişken hızlı tahrik sistemlerinin kontrolünde kullanılan yöntemleri üç temel kısma ayırmak mümkündür. Bunlar [7,13,15,6,18];

- Skaler Kontrol (V / f Kontrol)
- Vektörel Kontrol (Alan Yönlendirmeli Kontrol-FOC)
- Dogrudan Moment Kontrol (DTC)

Yaygın kullanıma bağlı olarak, endüstriyel tesislerde ASM' un değişken hızlarda çalıştırılmaları gerekli olmuştur. Hız denetiminin sağlanması için çeşitli sürücüler tasarlanmıştır. Güç elektroniği ve mikroişlemci teknolojisindeki gelişmeler sürücülerin verimliliklerini artırmıştır.

Yapılan sürücü tasarımının verimli olması, motor parametrelerinin doğru tespit edilmesine ve kullanılan denetim algoritmasına göre önem kazanmıştır. Daha önceleri ASM'lar skalar denetim yöntemleri ile kontrol edilmekteydi. Güç elektroniği elemanlarının hızlarının ve kapasitelerinin artmasıyla, daha hızlı mikroişlemcilerin üretilmesi ile vektör denetim yöntemleri kullanılmaya başlanmıştır. ASM denetiminde son yıllarda, stator akı ve elektromanyetik momentin her ikisinin aynı zamanda denetimi temel ilkesine dayanan doğrudan moment denetim (DTC) tekniği önerilmektedir. [1, 19, 20]

2.3.1. Üç Fazlı Asenkron Motorun Matematiksel Modeli

Bir sistemin matematiksel modeli ya sistemin fiziksel davranışının benzetimini yapmak, ya da bir algoritmaya dayalı gerçek zamanda denetimini gerçekleştirmek için gereklidir. Matematiksel modeller, sistemin gerçek fiziksel davranışlarına oldukça uyumlu olmalı ve o davranışı iyi bir şekilde ifade etmelidir. Model oldukça basit olmalıdır.

Modelin karmaşıklığı, denetim işleminin süresini uzatmakta ve sistemin verimini düşürmektedir. Modellerde kullanılan makinenin fiziksel büyüklüklerinin, skalar değil de vektörel olarak göz önüne alınabilmesi, sistem modelinin doğruluğunu artırmaktadır. Özellikle makinelerin geçici durum davranışlarında oluşacak hata önemli derecede azalmaktadır. [1]

2.3.1.1. Simetrik Asenkron Motorun Matematiksel Modeli

Simetrik ASM modelinde makine çok girişli tek çıkışlı elektromekanik enerji dönüşümü yapan bir sistem olarak göz önüne alınır. Model, bazı varsayımlar üzerine kurulmuştur. Bunlar;

- Hava aralığının rotor boyunca düzgün olduğu,
- Rotor ve stator sargılarının hava aralığı boyunca harmoniksiz, saf sinüzoidal bir manyeto motor kuvvet oluşturacak şekilde yerleştirildiği,
- Manyetik devrenin ideal kabulü, kayıpların ve doymanın ihmal edildiği,
- Akım yığılması (deri olayı) olayının ihmal edildiği,
- Histerisiz ve fuko kayıplarının ihmal edildiği,
- Stator ve rotor sargı direnç ve endüktanslarının frekans ve sıcaklık etkisi ile değişmediği,
- Rotor çubuklarının, rotor eksenine göre simetrik olarak yayıldığı şeklinde

sıralanabilir.

Simetrik modelin literatürde çok uzun süredir yaygın olarak kullanılması, varsayımların sonuçlarda büyük hatalara neden olmadığı ve modelin yeterince gerçekçi olduğunu göstermektedir. Bununla beraber, yukarıda bahsedilen varsayımlar bir yana bırakılarak, modeli gerçek fiziksel sisteme daha duyarlı hale getirmek mümkündür. [1] ASM' da stator sargıları *as, bs, cs*, rotor sargıları ise *ar, br, cr* olarak isimlendirilir, stator ve rotor sargılarının kendi aralarında eşit olduğu kabul edilir. Sargılar arasında elektriksel 120° faz farkı olup stator sargıları *as'* ye rotor sargıları ise *ar* sargısına simetrik olarak stator ve rotor oluklarına yerleştirilmiştir. İndis olarak *"s"* kullanılması "stator" veya "durağan" (stationary) sargılarını ifade etmektedir. Rotor sargılarında *"r"* indisi "rotor" veya "döner" (rotating) sargılarını ifade etmektir. Stator ve rotorun manyetik eksen düzlemindeki yerleşimi Şekil 2.2'de verilmektedir. [1]

Şekil 2.2'deki stator ve rotor devrelerinin gerilim eşitlikleri matrissel formda aşağıdaki gibi ifade edilir.

$$v_{abcs} = r_S * i_{abcs} + p * \lambda_{abcs} \qquad (2.5)$$

$$v_{abcr} = r_r * i_{abcr} + p * \lambda_{abcr} \qquad (2.6)$$

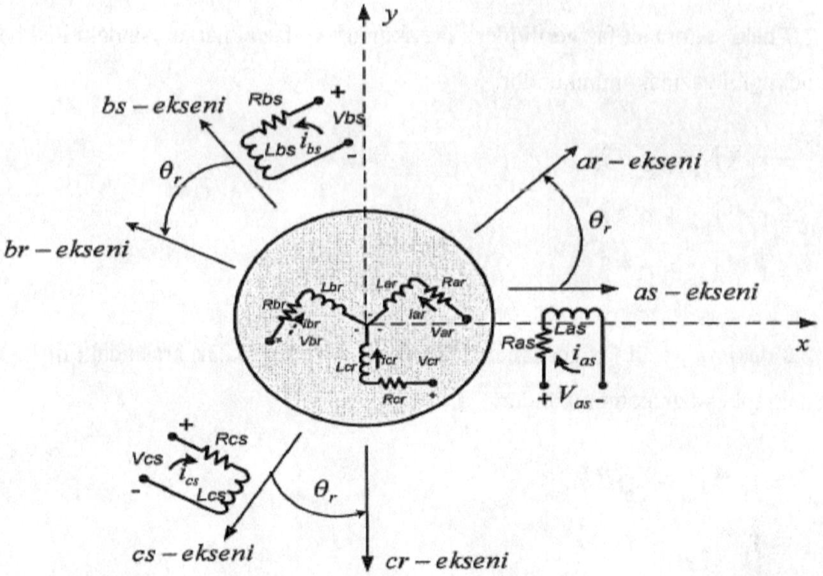

Şekil 2.2. Üç Fazlı ASM' un Manyetik Eksen Düzlemi

Eş. 2.5 ve 2.6'daki p ifadesi (d/dt) türev opreatörüdür. Statora ait değişkenler v_{abcs}, i_{abcs} ve λ_{abcs} ifadeleri vektörel olarak Eş. 2.7'de verilmiştir.

$$v_{abcs} = \begin{bmatrix} v_{as} \\ v_{bs} \\ v_{cs} \end{bmatrix}; \quad i_{abcs} = \begin{bmatrix} i_{as} \\ i_{bs} \\ i_{cs} \end{bmatrix}; \quad \lambda_{abcs} = \begin{bmatrix} \lambda_{as} \\ \lambda_{bs} \\ \lambda_{cs} \end{bmatrix} \qquad (2.7)$$

Benzer şekilde rotora ait değişkenler v_{abcr}, i_{abcr} ve λ_{abcr} ifadeleri vektörel olarak Eş. 2.8'de verilmiştir.

$$v_{abcr} = \begin{bmatrix} v_{ar} \\ v_{br} \\ v_{cr} \end{bmatrix}; \quad i_{abcr} = \begin{bmatrix} i_{ar} \\ i_{br} \\ i_{cr} \end{bmatrix}; \quad \lambda_{abcr} = \begin{bmatrix} \lambda_{ar} \\ \lambda_{br} \\ \lambda_{cr} \end{bmatrix} \tag{2.7}$$

Eş. 2.7'deki statora ait faz gerilimleri, faz akımları ve faz akıları arasındaki ilişkiyi Eş. 2.8'deki gibi yazmak mümkündür.

$$\begin{aligned} v_{as} &= r_s * i_{as} + p * \lambda_{as} \\ v_{bs} &= r_s * i_{bs} + p * \lambda_{bs} \\ v_{cs} &= r_s * i_{cs} + p * \lambda_{cs} \end{aligned} \tag{2.8}$$

Eş. 2.8'deki rotora ait faz gerilimleri, faz akımları ve faz akıları arasındaki ilişkiyi Eş. 2.9'daki gibi yazmak mümkündür.

$$\begin{aligned} v_{ar} &= r_r * i_{ar} + p * \lambda_{ar} \\ v_{br} &= r_r * i_{br} + p * \lambda_{br} \\ v_{cr} &= r_r * i_{cr} + p * \lambda_{cr} \end{aligned} \tag{2.9}$$

Genel olarak stator ve rotor fazları birbirine bağımlıdır. Makinenin faz akıları da akımlara bağlı olup, Eş. 2.10'da bu durum gösterilmiştir.

$$\begin{aligned} \lambda_{abcs} &= \lambda_{abcs(s)} + \lambda_{abcs(r)} \\ \lambda_{abcr} &= \lambda_{abcr(s)} + \lambda_{abcr(r)} \end{aligned} \tag{2.10}$$

Burada;

$$\lambda_{abcs(S)} = \begin{bmatrix} L_{as} & L_{abs} & L_{acs} \\ L_{abs} & L_{bs} & L_{bcs} \\ L_{acs} & L_{bcs} & L_{cs} \end{bmatrix} \begin{bmatrix} i_{as} \\ i_{bs} \\ i_{cs} \end{bmatrix} \quad (2.11)$$

$$\lambda_{abcs(r)} = \begin{bmatrix} L_{as,ar} & L_{as,br} & L_{as,cr} \\ L_{bs,ar} & L_{bs,br} & L_{bs,cr} \\ L_{cs,ar} & L_{cs,br} & L_{cs,cr} \end{bmatrix} \begin{bmatrix} i_{ar} \\ i_{br} \\ i_{cr} \end{bmatrix} \quad (2.12)$$

$$\lambda_{abcs(S)} = \begin{bmatrix} L_{as} & L_{abs} & L_{acs} \\ L_{abs} & L_{bs} & L_{bcs} \\ L_{acs} & L_{bcs} & L_{cs} \end{bmatrix} \begin{bmatrix} i_{as} \\ i_{bs} \\ i_{cs} \end{bmatrix} \quad (2.13)$$

$$\lambda_{abcs(S)} = \begin{bmatrix} L_{ar,as} & L_{ar,bs} & L_{ar,cs} \\ L_{br,as} & L_{br,bs} & L_{br,cs} \\ L_{cr,as} & L_{cr,bs} & L_{cr,cs} \end{bmatrix} \begin{bmatrix} i_{as} \\ i_{bs} \\ i_{cs} \end{bmatrix} \quad (2.14)$$

$$\lambda_{abcs(r)} = \begin{bmatrix} L_{ar} & L_{abr} & L_{acr} \\ L_{abr} & L_{br} & L_{bcr} \\ L_{acr} & L_{bcr} & L_{cr} \end{bmatrix} \begin{bmatrix} i_{ar} \\ i_{br} \\ i_{cr} \end{bmatrix} \quad (2.15)$$

Statora ait bir faz endüktansları (L_{as}, L_{bs}, L_{cs}) stator mıknatıslanma endüktansı (L_{ms}) ile stator kaçak endüktansları (L_{ls}) toplamına eşittir. Bu durum Eş. 2.16'da gösterilmektedir.

$$L_{as} = L_{bs} = L_{cs} = L_{ms} + L_{ls} \tag{2.16}$$

Stator faz sargıları *as* ve *bs*, *bs* ve *cs*, *cs* ve *as* arasındaki ortak endüktans Eş. 2.17'de verilmiştir.

$$L_{abs} = L_{bcs} = L_{cas} = \frac{-L_{ms}}{2} \tag{2.17}$$

Stator sargılarındaki *as*, *bs* ve *cs* fazlarına ait sargı akıları endüktans ve akımların çarpımından oluşmaktadır. Eş. 2.18'de bu durum verilmiştir.

$$\lambda_{abcs(s)} = \begin{bmatrix} L_{ls} + L_{ms} & -\frac{L_{ms}}{2} & -\frac{L_{ms}}{2} \\ -\frac{L_{ms}}{2} & L_{ls} + L_{ms} & -\frac{L_{ms}}{2} \\ -\frac{L_{ms}}{2} & -\frac{L_{ms}}{2} & L_{ls} + L_{ms} \end{bmatrix} \begin{bmatrix} i_{as} \\ i_{bs} \\ i_{cs} \end{bmatrix} \tag{2.18}$$

Stator ve rotor sargıları arasında ortak manyetik bağ bulunmaktadır. Şekil 2.1'de rotor fazı *"ar"* ve stator fazı *"as"* arasında θ_r elektriksel açı vardır ve θ_r değişkendir. Benzer şekilde rotor fazları *br* ve *cr* sırasıyla stator fazları *bs* ve *cs* arasında da θ_r elektriksel açısı bulunur. Stator ile rotor arasındaki ortak endüktanslar, sargı eksenleri arasındaki açının kosinüsü ile orantılıdır. *(as- ar), (bs- br) ve (cs- cr)* sargıları arasında θ_r açısı vardır. Eş. 2.19'da bu durum gösterilmiştir.

$$L_{as,ar} = L_{bs,br} = L_{cs,cr} = \frac{N_r}{N_s} L_{ms} \cos\theta_r \tag{2.19}$$

(as- br), (bs- cr) ve (cs- ar) sargıları arasında $\theta_r + 2\pi/3$ açısı vardır. Eş. 2.20'de bu durum gösterilmektedir.

$$L_{as,br} = L_{bs,cr} = L_{cs,ar} = \frac{N_r}{N_s} L_{ms} \cos(\theta_r + 2\pi/3) \tag{2.20}$$

Son olarak *(as- cr), (bs- ar) ve (cs- br)* sargıları arasında $\theta_r - 2\pi/3$ açısı vardır. Eş. 2.21'de bu durum gösterilmiştir.

$$L_{as,cr} = L_{bs,ar} = L_{cs,br} = \frac{N_r}{N_s} L_{ms} \cos(\theta_r - 2\pi/3) \quad \textbf{(2.21)}$$

Eş. 2.19, Eş. 2.20 ve Eş. 2.21'de stator ve rotor arasındaki ilişki verilmiştir. Rotor devresi akı değerinin statora aktarılmasında, rotor ve stator sipir sayılarının birbirine oranı olan (N_r/N_s) kullanılarak Eş. 2.22 elde edilir.

$$\lambda_{abcs(r)} = \frac{N_r}{N_s} L_{ms} \begin{bmatrix} cos\theta_r & cos(\theta_r + 2\pi/3) & cos(\theta_r - 2\pi/3) \\ cos(\theta_r - 2\pi/3) & cos\theta_r & cos(\theta_r + 2\pi/3) \\ cos(\theta_r + 2\pi/3) & cos(\theta_r - 2\pi/3) & cos\theta_r \end{bmatrix} \begin{bmatrix} i_{ar} \\ i_{br} \\ i_{cr} \end{bmatrix}$$

(2.22)

Aynı şekilde rotor sargı akısını belirlemek için yukarıda verilen eşitliklerdeki işlemleri yapmak gerekir. Rotor akımları kullanılarak rotor devresine ait rotor akı bağıntısı Eş. 2.23'de verilmektedir.

$$\lambda_{abcr(r)} = \begin{bmatrix} L_{lr} + \left[\frac{N_r}{N_s}\right]^2 L_{ms} & -\left[\frac{N_r}{N_s}\right]^2 \frac{L_{ms}}{2} & -\left[\frac{N_r}{N_s}\right]^2 \frac{L_{ms}}{2} \\ -\left[\frac{N_r}{N_s}\right]^2 \frac{L_{ms}}{2} & L_{lr} + \left[\frac{N_r}{N_s}\right]^2 L_{ms} & -\left[\frac{N_r}{N_s}\right]^2 \frac{L_{ms}}{2} \\ -\left[\frac{N_r}{N_s}\right]^2 \frac{L_{ms}}{2} & -\left[\frac{N_r}{N_s}\right]^2 \frac{L_{ms}}{2} & L_{lr} + \left[\frac{N_r}{N_s}\right]^2 L_{ms} \end{bmatrix} \begin{bmatrix} i_{ar} \\ i_{br} \\ i_{cr} \end{bmatrix}$$

(2.23)

Burada L_{lr} rotor kaçak endüktansıdır. Stator devresindeki akımların rotor sargılarındaki akı bağı Eş.2.24'de verilmiştir.

$$\lambda_{abcr(s)} = \frac{N_r}{N_s} L_{ms} \begin{bmatrix} cos\theta_r & cos(\theta_r - 2\pi/3) & cos(\theta_r + 2\pi/3) \\ cos(\theta_r + 2\pi/3) & cos\theta_r & cos(\theta_r - 2\pi/3) \\ cos(\theta_r - 2\pi/3) & cos(\theta_r + 2\pi/3) & cos\theta_r \end{bmatrix} \begin{bmatrix} i_{as} \\ i_{bs} \\ i_{cs} \end{bmatrix}$$

(2.24)

Üç fazdan iki faza dönüşüm sırasında $L_m = (3/2)L_{ms}$ alınması gerekmektedir.

2.3.2. Üç Fazdan İki Faza Dönüşüm

ASM' un dinamik performansını analiz etmek için kullanılan Eş. II.9' da verilen gerilim denklemlerinde, ASM' un bazı endüktanslarının zamanla değiştiği görülmektedir. Bu değişim, rotor devrinin bir fonksiyonu olarak meydana gelmektedir. Diferansiyel denklemlerdeki katsayılar rotorun durması haricinde zamanla değişmektedir. Değişkenlerin başka değişkenlerle değiştirilmesi yani yeniden tanımlanması ile diferansiyel denklemlerin karmaşıklığı azaltılabilir. Bu işlem transformasyon olarak adlandırılır. Genel transformasyonda makinenin gerçek değişkenleri başka bir referans düzlemde tanımlanabilir. Bu düzlem keyfi (arbitrary) referans düzlemidir. Bilinen bütün transformasyonlar, bu genel transformasyondan elde edilebilir. Bunun için sadece kullanılacak referans düzlemin döner hızının bilinmesi yeterli olmaktadır.

Elektrik makinelerinin analizinde zamanla değişen endüktansları yok etmek için kullanılan değişkenlerin yeniden tanımlanması yöntemi, diğer çeşitli statik, sabit parametreli güç sistem elemanlarının analizinde de kullanılmaktadır.

ASM' un tüm sargıları arasında manyetik bir etkileşim bulunmaktadır. Bu etkileşimin basitleştirilmesi, senkron ve DA motorlarında olduğu gibi hava aralığı mmk'i iki dik eksen yönünde bileşenlerine ayrılarak yapılabilir. İki eksen genellikle *dq* (direct ve quadrature) olarak gösterilir. Stator ve rotor için kabul edilen ortak düzlem, rotor dönüş açısına bağlı değildir. Keyfi olarak seçilen bu düzleme keyfi referans düzlemi denir ve stator fazlarından herhangi birine göre rastgele seçilmiş bir açıda (θ) konumlandırılabilir. Stator ve rotor değişkenleri bu iki düzleme aktarılır. Şekil 2.3'de üç fazlı *abc* ekseni ile iki fazlı *dq* ekseni arasındaki geometrik ilişki gösterilmektedir. Şekil 2.3'de *as* ekseni ile *q* ekseni arasında θ açısı olup *d* ekseni *q* ekseninin 90° gerisindedir. 2.3'deki stator referans düzlemine ait dönüşümler matrissel olarak Eş. 2.25 ve Eş. 2.26'da verilmiştir. Üç fazlı sistemdeki her bir sargının sarım sayısı N olup iki fazlı sistemde ise her bir sargının sarım sayısı $3N/2$'dir. Böylece her iki sistemde aynı mmk üretilmiş olur.

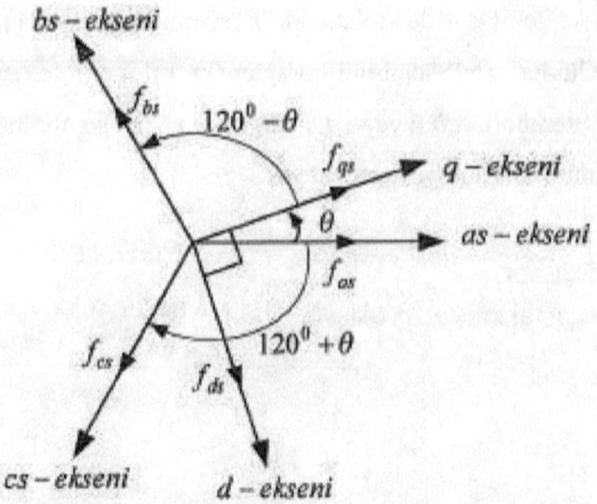

Şekil 2.3. *abc* Ekseninden *dq* Eksenine Dönüşüm

Üç fazlı düzlemden iki fazlı düzleme dönüşüm Eş. 2.25'de verilmiştir.

$$\begin{bmatrix} f_{qs} \\ f_{ds} \\ f_{os} \end{bmatrix} = \frac{2}{3} \begin{bmatrix} \cos\theta & \cos\left(\theta - \frac{2\pi}{3}\right) & \cos\left(\theta + \frac{2\pi}{3}\right) \\ \sin\theta & \sin\left(\theta - \frac{2\pi}{3}\right) & \sin\left(\theta + \frac{2\pi}{3}\right) \\ \frac{1}{2} & \frac{1}{2} & \frac{1}{2} \end{bmatrix} \begin{bmatrix} f_{as} \\ f_{bs} \\ f_{cs} \end{bmatrix} \qquad \textbf{(2.25)}$$

İki fazlı düzlemden üç fazlı düzleme ters dönüşüm ise Eş. II.26'da verilmiştir.

$$\begin{bmatrix} f_{as} \\ f_{bs} \\ f_{cs} \end{bmatrix} = \begin{bmatrix} \cos\theta & \sin\theta & 1 \\ \cos\left(\theta - \frac{2\pi}{3}\right) & \sin\left(\theta - \frac{2\pi}{3}\right) & 1 \\ \cos\left(\theta + \frac{2\pi}{3}\right) & \sin\left(\theta + \frac{2\pi}{3}\right) & 1 \end{bmatrix} \begin{bmatrix} f_{qs} \\ f_{ds} \\ f_{os} \end{bmatrix} \qquad \textbf{(2.26)}$$

Eş. 2.25 ve Eş. 2.26'daki sistem dengeli ise f_o ifadesinin değeri sıfıra eşittir. ASM'a ait faz gerilimleri veya akımlarının dengeli olmaması durumunda eşitliklerde f_o bileşenin de işlemlere katılması gerekir. Aynı şekilde rotora ait değişkenlerinde yeni düzleme taşınması gerekir. Eş. 2.25 ve Eş. 2.26'daki bu dönüşümler rotor referans düzlemi için de yapılır.

Eş. 2.25, Eş. 2.26 ve Şekil II.4'de kullanılan *"f"* sembolü gerilim (*v*), akım (*i*) ve kaçak akı (λ) vb. büyüklükleri, *"z"* sembolü durağan (*s*), rotor (*r*) ve senkron (*e*) referans düzlemlerini; *"x"* sembolü *a,b,c* veya *d,q* sargılarını, *"y"* sembolü motorun stator (*s*) veya rotor (*r*) kısmı olduğunu göstermektedir.

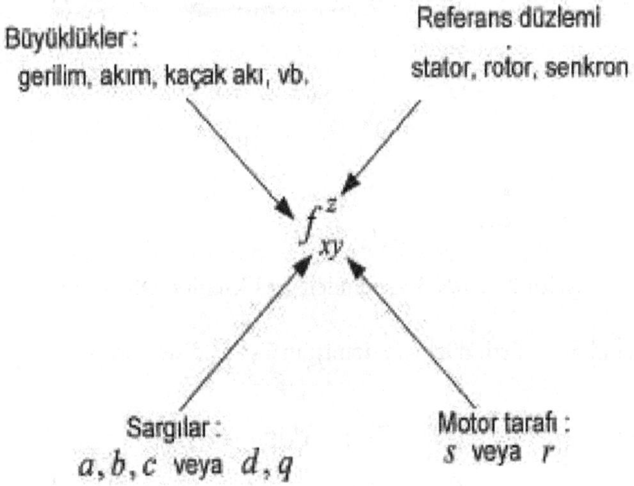

Şekil 2.4. Dönüşüm Büyüklüklerinin Sembolleri

Yeni seçilen referans düzlemin statorun bir fazına göre yaptığı açı ile rotor dönüş açısı kullanılarak bu dönüşüm gerçekleştirilir. *d-q* düzlemine stator ve rotor değişkenlerinin aktarılması ile rotor açısına göre değişmeyen sabit değerler elde edilebilir. Bu sayede birbirinden 90° faz farklı iki eksende elde edilen büyüklükler ASM'un matematiksel modellenmesi ve sistemin dinamik tepkilerinin ölçülmesi için kullanılır. Benzer şekilde ters dönüşüm yapılarak *d-q* düzleminde elde edilen büyüklükler tekrar üç faz düzlemine aktarılabilir. Bu sayede ASM'un herhangi bir *t* anı için tüm değişkenlerin sahip olduğu büyüklükler bilinebilir. Belirtilen ters dönüşüm ifadesi Eş. 2.26'da verildiği gibi olur. Belirtilen düzlemin durağan olması, eşitliklerin stator faz eksenlerinden birine sabitlenmesi ile mümkün olabilir.

2.3.3. ASM Modelinde Kullanılan Referans Düzlemler

Tablo 2.1. Referans Düzlemleri

Referans Düzlem Hızı	Referans Düzlem Pozisyonu	Açıklama	Değişkenler
w	θ	Durağan referans düzlemi-Keyfi referans düzlemi	f_{dqos} veya f_{ds}, f_{qs}, f_{os}
0	0	Durağan referans düzlemi-Durağan referans düzlemi	f_{dqos}^{s} veya $f_{ds}^{s}, f_{qs}^{s}, f_{os}^{s}$
w_r	θ_r	Durağan referans düzlemi-Rotor referans düzlemi	f_{dqos}^{r} veya $f_{ds}^{r}, f_{qs}^{r}, f_{os}^{r}$
w_e	θ_e	Durağan referans düzlemi-Senkron referans düzlemi	f_{dqos}^{e} veya $f_{ds}^{e}, f_{qs}^{e}, f_{os}^{e}$

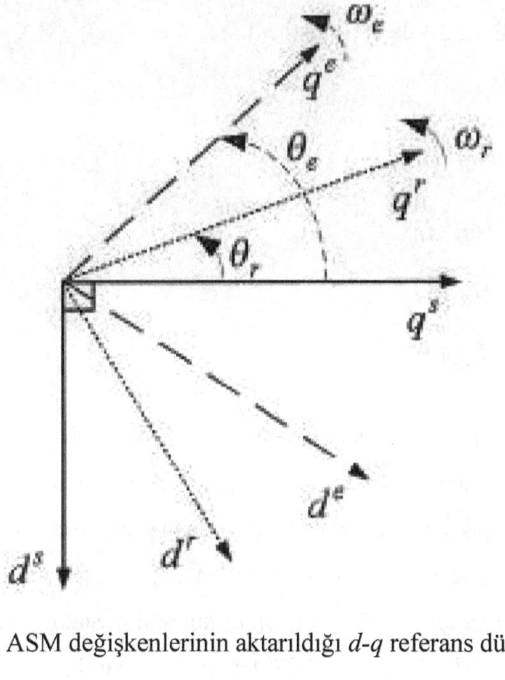

Şekil 2.5. ASM değişkenlerinin aktarıldığı *d-q* referans düzlemleri

Elektrik makineleri analizinde ve güç sistemlerinde ortak kullanılan referans düzlemleri Tablo 2.1'de gösterilmiştir. Bunlar; keyfi, durağan, rotor ve senkron referans düzlemleridir. Tablo 2.1'de özet olarak verilen referans düzlemlerin kendi aralarında da dönüşüm yapılabilmektedir.

Motorun hız ve pozisyonu denetimine göre kullanılacak denetim algoritması göz önüne alınarak referans düzlemlerine dönüşüm yapılabilir. Bu durum Şekil 2.5'te verilmiştir.

2.3.3.1. Durağan Referans Düzlemi

Durağan referans düzlemi stator referans düzlemi olarak ta adlandırılır. Bu referans düzlemindeki gerçek eksen, stator faz sargılarından birinin düzlemine bindirilir. Bu durumda referans düzlemin açısal hız değeri statora sabitlendiği için hem açısal hız $w = 0$ hem de açısal pozisyon $\theta = 0$ olur. Sabit eksen düzleminde değer alan değişkenler $d^s - q^s$ ile ifade edilir. Açısal hızın sıfır olduğu kabul edilerek stator ve rotor sargı akıları Eş. 2.27'de verilmiştir.

$$\begin{aligned} \lambda_{qs}^s &= L_s i_{qs}^s + L_m i_{qr}^s \\ \lambda_{ds}^s &= L_s i_{ds}^s + L_m i_{dr}^s \\ \lambda_{qr}^s &= L_r i_{qr}^s + L_m i_{qs}^s \\ \lambda_{dr}^s &= L_r i_{dr}^s + L_m i_{ds}^s \end{aligned} \tag{2.27}$$

Eş.2.23'te $L_s = L_{ls} + L_m$ olup stator endüktansını ifade eder ve kaçak endüktans ve mıknatıslanma endüktansının toplamına eşittir. Aynı şekilde rotor endüktansının ifadesi de, rotor kaçak endüktansı ve mıknatıslanma endüktansının toplamına eşittir, $L_r = L_{lr} + L_m$ ile ifade edilir. Rotora ait yazılan tüm ifadeler, statora aktarılmış durum değerleridir. Bu işlem için dönüştürme oranı kullanılır. Stator ve rotor gerilimlerinin stator eksen takımındaki ifadesi Eş. 2.28'deki gibi yazılabilir.

$$v_{qs}^s = R_s i_{qs}^s + p\lambda_{qs}^s$$

$$v_{ds}^s = R_s i_{ds}^s + p\lambda_{ds}^s$$

$$v_{qr}^s = R_r i_{qr}^s - w_r\lambda_{dr}^s + p\lambda_{qr}^s \tag{2.28}$$

$$v_{dr}^s = R_r i_{dr}^s - w_r\lambda_{qr}^s + p\lambda_{dr}^s$$

Eş. 2.27'deki sargı akı ifadeleri Eş. 2.28'de yerlerine yazılacak olursa, stator ve rotor gerilimleri matrissel formda Eş. 2.29'daki gibi yazılabilir.

$$\begin{bmatrix} v_{qs}^s \\ v_{ds}^s \\ v_{qr}^s \\ v_{dr}^s \end{bmatrix} = \begin{bmatrix} R_s + L_s p & 0 & L_m p & 0 \\ 0 & R_s + L_s p & 0 & L_m p \\ L_m p & -w_r L_m & R_r + L_r p & -w_r L_r \\ w_r L_m & L_m p & w_r L_r & R_r + L_r p \end{bmatrix} \begin{bmatrix} i_{qs}^s \\ i_{ds}^s \\ i_{qr}^s \\ i_{dr}^s \end{bmatrix} \tag{2.29}$$

ASM'da üretilen elektromanyetik moment ifadesi Eş. 2.30'da verilmiştir.

$$T_e = \frac{3}{2}\frac{P}{2} L_m\left(i_{qs}^s i_{dr}^s - i_{ds}^s i_{qr}^s\right) \tag{2.30}$$

Yukarıdaki moment eşitliğinde P kutup sayısını ve L_m üç faz düzleminden iki faz düzlemine indirgenmiş stator mıknatıslanma endüktans değerini ifade eder.

Motorun stator faz gerilimleri, akımları veya akıları Eş. 2.25 kullanılarak iki faza aktarılabilir. Sistem dengeli bir sistem ise $f_{as} + f_{bs} + f_{cs} = 0$ olduğu kabul edilir.

İki fazlı *d-q* sistemi Eş. 2.31'deki gibi yazılır.

$$f_{qs} = f_{as} \text{ , } f_{ds} = \frac{1}{\sqrt{3}}(f_{cs} - f_{bs}) \tag{2.31}$$

Stator eksen takımında açısal pozisyon sıfır olduğu için $(\theta_c = 0)$ üç faz stator akımları *d-q* düzlemine Eş. 2.32'deki gibi şöyle aktarılır.

$$\begin{bmatrix} i_{qs}^s \\ i_{ds}^s \\ i_{os}^s \end{bmatrix} = \frac{2}{3} \begin{bmatrix} 1 & -\frac{1}{2} & -\frac{1}{2} \\ 0 & -\frac{\sqrt{3}}{2} & -\frac{\sqrt{3}}{2} \\ \frac{1}{2} & \frac{1}{2} & \frac{1}{2} \end{bmatrix} \begin{bmatrix} i_{as} \\ i_{bs} \\ i_{cs} \end{bmatrix} \tag{2.32}$$

Üç faz akımlarının toplamı sıfır olduğu kabul edilerek Eş. 2.31 kullanılarak *d-q* akım eşitlikleri yeniden aşağıdaki gibi yazılabilir.

$$i_{qs}^s = i_{as} \text{ , } i_{ds}^s = \frac{1}{\sqrt{3}}(i_{cs} - i_{bs}) \tag{2.33}$$

2.3.3.2. Rotor Referans Düzlemi

ASM'a ait üç faz değişkenleri rotor referans düzlemine aktarılırken, *d-q* eksen takımının açısal hızının rotor hızına eşit olduğu kabul edilir ve Şekil 2.3'deki $\theta = \theta_r$ ve $w = w_r$ olması durumudur.

Tüm değişkenler rotor referans düzleminde ifade edilirken $d^r - q^r$ indisleri ile tanımlanır. Rotorun bulunduğu açısal hız ve açısal pozisyon değeri stator ve rotor değişkenlerinin bu eksen takımlarına aktarılmasında kullanılır.

Stator ve rotor akılarının ifadesi Eş.2.34'de verilmiştir.

$$\begin{aligned} \lambda_{qs}^r &= L_s i_{qs}^r + L_m i_{qr}^r \\ \lambda_{ds}^r &= L_s i_{ds}^r + L_m i_{dr}^r \\ \lambda_{qr}^r &= L_r i_{qr}^r + L_m i_{qs}^r \\ \lambda_{dr}^r &= L_r i_{dr}^r + L_m i_{ds}^r \end{aligned} \tag{2.34}$$

Stator ve rotor gerilimlerinin rotor eksen düzlemindeki ifadeleri Eş. 2.35'de verilmiştir.

$$v_{qs}^r = R_s i_{qs}^r + w_r \lambda_{ds}^r + p\lambda_{qs}^r$$

$$v_{ds}^r = R_s i_{ds}^r - w_r \lambda_{qs}^r + p\lambda_{ds}^r$$

$$v_{qr}^r = R_r i_{qr}^r + p\lambda_{qr}^r \qquad (2.35)$$

$$v_{dr}^r = R_r i_{dr}^r + p\lambda_{dr}^r$$

Eş. 2.34'deki sargı akı ifadeleri Eş. 2.35'de yerlerine konulur ise stator ve rotor gerilimleri matrissel formda Eş. 2.36'daki gibi yazılabilir.

$$\begin{bmatrix} v_{qs}^r \\ v_{ds}^r \\ v_{qr}^r \\ v_{dr}^r \end{bmatrix} = \begin{bmatrix} R_s + L_s p & w_r L_s & L_m p & w_r L_m \\ -w_r L_s & R_s + L_s p & -w_r L_m & L_m p \\ L_m p & 0 & R_r + L_r p & 0 \\ 0 & L_m p & 0 & R_r + L_r p \end{bmatrix} \begin{bmatrix} i_{qs}^r \\ i_{ds}^r \\ i_{qr}^r \\ i_{dr}^r \end{bmatrix} \qquad (2.36)$$

ASM'da üretilen elektromanyetik moment ifadesi Eş. 2.37'de verilmiştir.

$$T_e = \frac{3}{2}\frac{P}{2} L_m \left(i_{qs}^r i_{dr}^r - i_{ds}^r i_{qr}^r \right) \qquad (2.37)$$

Eş. 2.37'de yer alan 3/2 katsayısı üç fazlı sistemden iki fazlı sisteme dönüşümde sabit güç eşitliğini sağlamaktadır. Aynı şekilde, rotorun faz gerilimleri, akımları veya akıları Eş.2.25 kullanılarak iki faza aktarılabilir.

2.3.3.3. Senkron Referans Düzlemi

Senkron referans düzleminde, ASM stator ve rotor değişkenleri senkron hızda dönen düzleme aktarılır. Şekil 2.3'deki $\theta = \theta_e$ ve $w = w_e$ olması durumudur. Senkron eksen takımında dönüşümler için motorun senkron elektriksel hız ve pozisyon değeri kullanılır. Tüm değişkenler senkron referans düzleminde ifade edilirken $d^e - q^e$ indisleri ile tanımlanır. Stator ve rotor akılarının ifadesi Eş. 2.38'de verilmiştir.

$$\lambda_{qs}^e = L_s i_{qs}^e + L_m i_{qr}^e$$

$$\lambda_{ds}^e = L_s i_{ds}^e + L_m i_{dr}^e \qquad (2.38)$$

$$\lambda_{qr}^{e} = L_r i_{qr}^{e} + L_m i_{qs}^{e}$$

$$\lambda_{dr}^{e} = L_r i_{dr}^{e} + L_m i_{ds}^{e}$$

Stator ve rotor gerilimlerinin rotor eksen düzlemindeki ifadeleri Eş. 2.39'da verilmiştir.

$$v_{qs}^{e} = R_s i_{qs}^{e} + w_r \lambda_{ds}^{e} + p\lambda_{qs}^{e}$$

$$v_{ds}^{e} = R_s i_{ds}^{e} - w_r \lambda_{qs}^{e} + p\lambda_{ds}^{e}$$

$$v_{qr}^{e} = R_r i_{qr}^{e} + (w_e - w_r)\lambda_{dr}^{e} + p\lambda_{qr}^{e} \qquad \textbf{(2.39)}$$

$$v_{dr}^{e} = R_r i_{dr}^{r} - (w_e - w_r)\lambda_{qr}^{e} + p\lambda_{dr}^{e}$$

Eş. 2.38'deki sargı akı ifadeleri Eş. 2.39'da yerlerine konulur ise stator ve rotor gerilimleri matrissel formda Eş. 2.40'daki gibi yazılabilir.

$$\begin{bmatrix} v_{qs}^{e} \\ v_{ds}^{e} \\ v_{qr}^{e} \\ v_{dr}^{e} \end{bmatrix} = \begin{bmatrix} R_s + L_s p & w_e L_s & L_m p & w_e L_m \\ -w_e L_s & R_s + L_s p & -w_e L_m & L_m p \\ L_m p & (w_e - w_r)L_m & R_r + L_r p & (w_e - w_r)L_m \\ -(w_e - w_r)L_m & L_m p & -(w_e - w_r)L_m & R_r + L_r p \end{bmatrix} \begin{bmatrix} i_{qs}^{e} \\ i_{ds}^{e} \\ i_{qr}^{e} \\ i_{dr}^{e} \end{bmatrix}$$

(2.40)

ASM'da üretilen elektromanyetik moment ifadesi Eş. 2.41'de verilmiştir.

$$\mathrm{T_e} = \frac{3}{2}\frac{\mathrm{P}}{2}\mathrm{L_m}\left(\mathrm{i_{qs}^{e} i_{dr}^{e}} - \mathrm{i_{ds}^{e} i_{qr}^{e}}\right) \qquad \textbf{(2.41)}$$

ASM'un senkron hızda dönen eksendeki elektromanyetik moment ifadesi Eş. 2.41'de, dinamik davranışlarından çıkarılan elektromanyetik moment ifadesi ise Eş. 2.42'de verilmiştir.

$$T_e = J\frac{dw_m}{dt} + Bw_m + T_L = \frac{2}{P}J\frac{dw_r}{dt} + Bw_r + T_L \qquad \textbf{(2.42)}$$

Eş. 2.42'de w_m rotorun mekanik açısal hızını, J motor ataletini, B sürtünme katsayısını, T_L yük momentini ve P kutup sayısını temsil etmektedir. Eş. 2.40 ile oluşturulan gerilim denklemlerinde w_m gözükmediğinden, mekaniksel hızın, elektriksel rotor hızı w_r'ye dönüştürülmesi gerekir. Mekanik açısal hız ile elektriksel açısal hız arasında $w_m = \frac{P}{2} w_r$ bağıntısı mevcuttur. Tekrar motorun rotor faz gerilimleri, akımları veya akıları Eş. 2.25 kullanılarak iki faza aktarılabilir.

2.3.3.4. Referans Düzlem Dönüşümleri

ASM hız denetimi için geliştirilen denetleyicilerde değişik referans düzlem dönüşümleri gerekmektedir. Durağan referans düzlemden senkron referans düzleme dönüşüm Alan Yönlendirmeli Kontrol (Field Oriented Control) tekniğinde gerekli olmaktadır. Aynı şekilde senkron referans düzlemden durağan referans düzleme dönüşüm de gereklidir. Bu dönüşümlerde ASM'un akım, gerilim veya akı denklemleri kullanılabilir. Şekil 2.5'de görüldüğü gibi durağan referans düzlemindeki $(d^s - q^s)$ değişkenleri senkron referans düzlemine $(d^e - q^e)$ aktarılabilir,

$$\begin{bmatrix} f_{qs}^e \\ f_{ds}^e \end{bmatrix} = \begin{bmatrix} \cos\theta_e & -\sin\theta_e \\ \sin\theta_e & \cos\theta_e \end{bmatrix} \begin{bmatrix} f_{qs}^s \\ f_{ds}^s \end{bmatrix} \tag{2.43}$$

Eğer senkron referans düzlemdeki $(d^e - q^e)$ değişkenler tekrar durağan referans düzleme aktarılacak olursa, dönüşüm matrisinin tersi alınır. Bu durum Eş. 2.44'de gösterilmiştir.

$$\begin{bmatrix} f_{qs}^e \\ f_{ds}^e \end{bmatrix} = \begin{bmatrix} \cos\theta_e & \sin\theta_e \\ -\sin\theta_e & \cos\theta_e \end{bmatrix} \begin{bmatrix} f_{qs}^s \\ f_{ds}^s \end{bmatrix} \tag{2.44}$$

2.3.4. Skalar Kontrol

Makinenin hız kontrolünde genlik ve frekansın değiştirilmesi en uygun yöntemdir. Makinenin sürekli rejimde geçerli olan Eş. 2.45 denklemindeki moment ifadelerine bakıldığında, stator direncin sıfır olması koşulu altında gerilim/frekans oranının sabit tutulması ile düşük hızlar dışında makinenin hızının geniş bir aralıkta kontrol edilebileceği görülmektedir. Bu durumda makinenin maksimum moment değeri, sıfır hızdan nominal hıza kadar sabit kalacaktır. Makinenin kaynaktan çekeceği akım, belli bir yük için tüm hız aralığı boyunca sabit kalacaktır. Ancak bu yöntemde stator geriliminin genliğinin az olduğu düşük hız bölgelerinde stator direnci önemli hale gelir.

$$Me = \frac{Ms * Rr' * p}{s * \omega_S} * \frac{V_S^2}{\left[Rs + \frac{Rr'}{s}\right]^2 + \left[\frac{Ms}{2} * Xs_\sigma + \frac{Mr}{2} * Xr'_\sigma\right]^2} \quad \textbf{(2.45)}$$

Motora nominal yükünün uygulanması durumunda, bu çalışma bölgesinde gerekli moment değerinin sağlanması için makineye uygulanan gerilime oranla daha büyük değerde olan $Rs * Is$ gerilim düşümünün de karşılanması gerekir. Bu değer yol alma sırasında çok önemli olup, başlangıçta gerekli olan yol alma momentinin değerini etkiler. Bu nedenle, özellikle düşük hız bölgelerinde gerilimin genliği, gerilim düşümünü kompanze edebilecek şekilde gerilim/frekans oranının belirlediği değerden daha yüksek seçilmesi gerekir. "IR Kompanzasyonu" adı verilen bu yöntem ASM sürücü imal eden firmalar tarafından yaygın olarak kullanılır.

Motorda $Vs \cong Es$ alınırsa $Vs = 4{,}44 * k * f_S * N_S * \Phi_S$ olduğundan Vs/fs oranının sabit tutulması hava aralığı akısının (ϕ_S) sabit tutulması anlamına gelir. Rs'in sıfırdan farklı olduğu düşünülecek olursa Vs stator gerilimi yerine, statorda indüklenen Es gerilimi ile stator gerilim frekans oranının sabit tutulmasının zorunlu olduğu görülür. IR kompanzasyonu bir anlamda bunu sağlar. Düşük hız bölgeleri dışında gerilim/frekans oranı sabit alınabilir. Makinenin hızının senkron hız üzerine çıkarılması için, makineye nominal frekansının üzerinde bir frekans uygulanması gerekir. Bu durumda gerilim/frekans oranının sabitliğinin de korunabilmesi için artan frekansla gerilimin de arttırılması gerekir. Ancak, sargılardaki izolasyon problemi nedeniyle uygulanan gerilimin nominal değerinin üzerine çıkması pek arzu edilmez. Bu nedenle nominal frekans üzerinde gerilimin zorunlu olarak sabit tutulması ortaya çıkar. Stator geriliminin genlik ve frekansının bu bilgiler ışığında elde edilen değişimleri Şekil 2.6' da verilmiştir. Genel olarak doğrusal değişimden IR kompanzasyon bölgesine geçmeyi gerektiren frekans değeri 10 veya 15 hz civarındadır. [18]

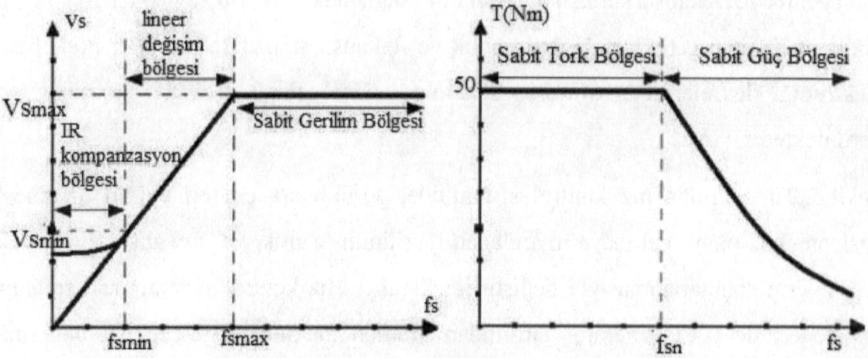

Şekil 2.6. Gerilim/Frekans Değişim Eğrisi

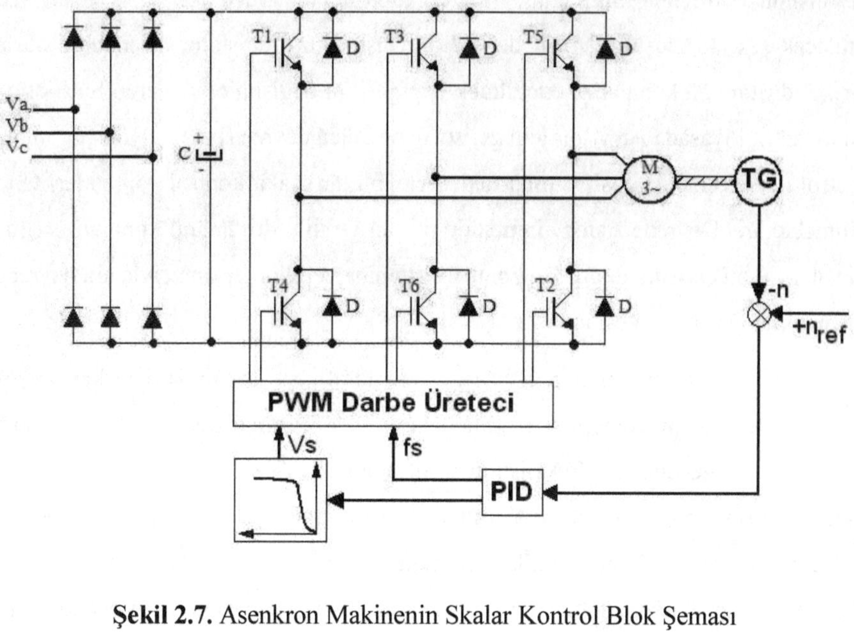

Şekil 2.7. Asenkron Makinenin Skalar Kontrol Blok Şeması

Endüstride asenkron motorların hız kontrolünde yoğun olarak kullanılan stator geriliminin genlik ve frekansının değiştirilmesinin söz konusu olduğu yöntemin gerçekleştirilebilmesi için makinenin beslendiği güç katının, değişken genlik ve frekansta gerilimler üretebilecek özellikte olması gerekir. Motoru besleyen şebeke sabit genlik ve frekansta sinüzoidal gerilimler sağlamaktadır. Bu kaynaktan makinenin hız kontrolü için gerekli değişken genlik ve frekanslı sinüzoidal işaretler üreten güç elektroniği devrelerinden oluşmuş sistemlere genel olarak frekans çeviriciler adı verilmektedir. [18]

Şekil 2.7'de görülen hız kontrol sisteminde, gerilim ara devreli evirici üzerinden beslenmekte olan makineye uygulanan gerilimin genlik ve frekansı, eviricideki IGBT'lerin anahtarlanmasıyla değiştirilmektedir. Hız kontrol sistemindeki referans hız değeri ile tako generatör tarafından üretilen makinenin gerçek hız değerinin karşılaştırılması sonucu oluşan hız hatasının ortadan kaldırılması için PID tipi kontrolör çıkışında elde edilen kontrol işareti, makineye uygulanacak olan stator frekansının belirlenmesini sağlar. Diğer kontrol büyüklüğü ise Vs/fs oranı sabit tutulacak şekilde oluşturulan bir değerdir. Düşük hızlarda stator direncinde oluşan gerilim düşümünü kompanze edebilmek için gerilim değişimini gösteren bir blok yer almaktadır. Piyasada ASM'ler için geliştirilen sürücü devrelerinde, büyük çoğunlukla kontrol devrelerindeki basit yapılar nedeniyle, bu tür skalar kontrol yöntemleri tercih edilmektedir. Devrede stator direncinde oluşan gerilim düşümünü kompanze etmek için akan akım etkisini, doğrudan kontrol sistemine verebilmek amacıyla ara devreden alınan akım geri beslemesinden yararlanılır. [18]

Bu kontrol yönteminde, motor, PWM inverter tarafından üretilmiş değişken frekans sinyalleri ile beslenir. Genellikle uygulamalarda açık çevrim olarak karsımıza çıkan bu yöntem, giriş gerilim ve frekansının kontrolüyle ilgilenir. Uygulaması kolay ve maliyeti düşük bir yöntemdir. Yöntemin dezavantajı, yüke bağlı olarak gelişen momentin doğrudan kontrol edilememesidir. Bununla birlikte, inverterin önceden tanımlanmış anahtarlama tablosu nedeniyle kontrolün geçiş cevabı hızlı değildir. [17]

Vs/fs oranının sabit tutulması ile sürekli rejimdeki moment, istenilen değere getirildiği halde, geçici rejimdeki moment değeri kontrol edilememektedir. Vs/fs oranının değiştirilmesi ile oldukça kolay bir şekilde gerçekleştirilen ve çoğu uygulamalarda yeterli olan hız kontrolünün özellikle moment kontrolünün önemli olduğu sarma ve hadde gibi uygulamalarda yeterli olmamaktadır.

Moment değerlerinin kontrol edilmesi gereken hız kontrol sistemlerinde, stator geriliminin genliği ve frekansı dışında sinüzoidal bir işaretin tamamlanmasında kullanılan, üçüncü büyüklüğün dalga şeklinin belli bir işarete göre faz farkıyla kontrol edilmesi gerekmektedir. Bu tür kontrol sistemlerine *"Vektörel Kontrol"* adı verilmektedir. [18]

2.3.5. Vektörel Kontrol

Skalar denetim yöntemlerinin kullanılması ile elde edilen değişken hızlı ASM sürücü sistemlerinin kararlı durum performansları iyi fakat dinamik cevaplama performansları iyi değildir. Hava aralığı akısındaki salanımlar dinamik tepkiyi kötüleştirir ve elektromanyetik momentte salınımlara neden olur. Yüksek performanslı sürücü sistemlerinde, momentte ve hızda salınımların olması istenmez. Bu tip uygulamalarda yüksek doğruluk, hızlı pozisyon ve hız denetimi gerekir. Akı ve moment ayrı ayrı kontrol edilirse bu sorunların üstesinden gelinebilir. Akı ve momentin ayrı ayrı kontrol edilmesi yöntemine vektör denetimi (alan yönlendirmeli denetim) adı verilir. [1,7,8]

Son yıllarda AA motorların kontrolü için vektör kontrolü olarak adlandırılan yeni bir kontrol yöntemi geliştirilmiştir. Vektör kontrolü, serbest uyartımlı DA makinelerinde sağlanan dinamik performansı AA motor kontrolünde de mümkün hale getirmiştir. Vektör kontrolü, AA motor sürücülerinin düşük dinamik performansının AA motorun kendi zayıf yönleri veya temel sınırlamaları yüzünden olmadığını göstermiştir. Bu nedenle vektör kontrolü, son yıllarda ayarlanabilir hızlı elektrik motor sürücüleri alanındaki en önemli gelişmedir. [17]

ASM'un alan yönlendirmeli denetimi, momentin ve akının birbirinden bağımsız denetlenebilen bileşenlerden oluşturulması temeline dayanır. Burada istenen yapı DA motorlarındaki moment kontrol özelliklerinin elde edilmesidir. Vektör kontrollü ASM sürücüsü, yabancı uyartımlı DA motorlarına benzemektedir. Bu durum Şekil 2.8'de gösterilmiştir. Yabancı uyartımlı DA motorlarında moment ifadesi Eş. 2.46'daki gibi bulunur.

$$T_e = K_t I_a I_f \tag{2.46}$$

Burada I_a endüvi akımı (moment bileşeni), I_f uyartım akımı (alan bileşeni) ve K_t motorun moment sabitidir. Bir DA motorunun manyetik yapısını I_f uyartım akımı tarafından üretilen λ_f uyartım akısı ve I_a endüvi akımı tarafından üretilen λ_a endüvi akısı oluşturmaktadır. Bu akımlar birbirinden bağımsız ve diktir. Bu durum Şekil 2.9 (a)'da görülmektedir.

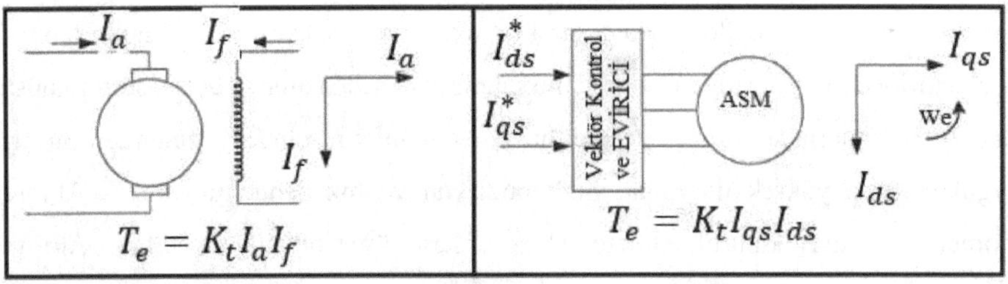

Şekil 2.8 (a) Yabancı Uyartımlı DA motor, (b) Vektör Denetimli ASM

ASM'un dinamik denklemleri senkron hızda dönen referans düzlemine $(d^e - q^e)$ aktarılırsa, bu düzlemde kararlı durumdaki sinüsoidal büyüklüklerin DA büyüklükler olduğu görülür. Şekil 2.9 (b)'de iki denetim girişi olan i_{ds}^* ve i_{qs}^* akımları vektör denetim ve eviricinin girişi olarak görülmektedir. Bu akımlar stator akımının i_{ds} boyuna (direct) eksen bileşenini ve i_{qs} enine (quadrature) eksen bileşenini senkron hızda dönen referans düzleminde göstermektedir. Vektör denetim yönteminde DA motorunda olduğu gibi i_{ds}, I_f uyartım akımına (alan bileşeni) ve i_{qs} ise I_a endüvi akımına (moment bileşeni) denk gelmektedir. ASM için moment Eş. 2.47'deki gibi bulunur. [1,17]

$$T_e = K_t I_{qs} I_{ds} \tag{2.47}$$

AA makinelerin basit eşdeğer devreleri, vektör kontrolü tekniğini açıklamak için çok uygun değildir. Bunun yerine bu amaca en uygun olan "uzay vektörü" kavramı kullanılacaktadır. Kısa devre rotorlu ASM' larda moment ve stator giriş akımlarını bileşenlerine ayırmak daha zordur. Üstelik AA taşıyan rotor ve rotor alanı (rotor hareketine göre) sabit değildir. Bu da vektör kontrolünün asenkron makinelerde senkron makinelere göre daha karmaşık olduğunu gösterir. Fakat kısa devre rotorlu asenkron motorlar, sürücü uygulamaları açısından daha fazla tercih edilmektedir. Bunun nedeni, asenkron motorların ucuzluğu, mekanik yapısının sağlam olması ve bakım masraflarının az olmasıdır. [17]

Bu yöntem, aynı zamanda "alan yönlendirmeli kontrol", "akı yönlendirmeli kontrol" ya da "dolaylı moment kontrolü" olarak da bilinir. Alan yönlendirmeyi kullanırken, 3 fazlı akım vektörleri, 3 boyutlu sabit referans ekseninden 2 boyutlu dönel referans eksenine (d-q) çevrilir (Clarke - Park dönüsümü). "d", stator akımının akı üreten kısmını,"q" ise moment üreten kısmı tanımlar. Bu birbirinden ayrılmış iki bilesen, ayrı PI kontrolörler ile birbirlerinden bağımsız kontrol edilebilirler. Uygun anahtarlama tablosu, SVPWM modülasyon tekniği ile sağlanır. Bu yöntem, DA motorda olduğu gibi mükemmel bir moment-hız cevabı sağlar. [17]

Genel olarak 3 farklı vektör kontrolü tanımlanabilir:

- Stator akı yönlendirmeli kontrol
- Rotor akı yönlendirmeli kontrol
- Mıknatıslanma akı yönlendirmeli kontrol

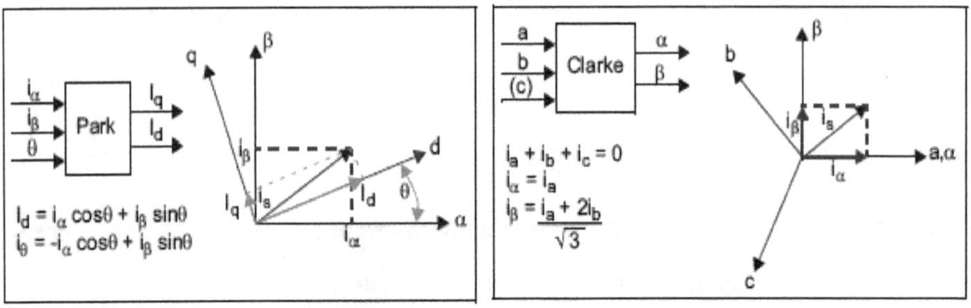

Şekil 2.9. (a) PARK Dönüşümü, (b) CLARKE Dönüşümü

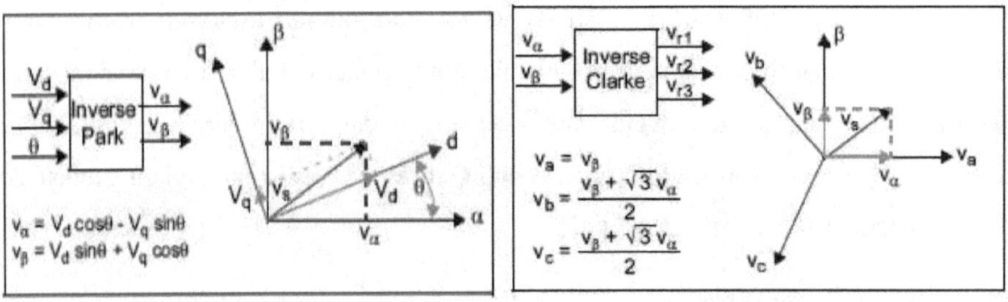

Şekil 2.10. (a) Ters PARK Dönüşümü, (b) Ters CLARKE Dönüşümü

Ölçüm metoduna bağlı olarak vektör kontrolü 2 kategoriye ayrılmıştır. Bunlar; Blasche tarafından bulunan doğrudan vektör yada geri beslemeli denetim yöntemi ve Hasse tarafından bulunan dolaylı vektör yada ileri beslemeli denetim yöntemleridir.[1,17]

2.3.5.1. Doğrudan Vektör Denetim Yöntemi

Doğrudan vektör denetim yönteminde akı doğrudan ölçülerek bulunur. Ölçme yönteminde hava aralığına yerleştirilen akı algılayıcıları (Hall-Effect), statora özel olarak yerleştirilen akı bobinleri tarafından veya gözlemleyici model kullanılarak bulunur. Akı algılayıcıların sıcaklıktan etkilenmesi ve kırılgan olması dezavantajıdır. Ayrıca vektör denetiminde hava aralığı akısı istenmeyen bir kararsızlık problemine yol açar. [1]

2.3.5.2. Dolaylı Vektör Denetim Yöntemi

Dolaylı vektör denetim yönteminde akıyı belirlemek için akı algılayıcısına ve gözlemleyici model kullanılmasına gerek yoktur. Bunun yerine rotor miline yerleştirilen pozisyon veya hız algılayıcısı kullanılır. Dolaylı vektör denetim yöntemi endüstriyel uygulamalarda çok popülerdir. Şekil 2.11'de dolaylı vektör denetimine ait düzlem dönüşümleri gösterilmektedir. $(d^s - q^s)$ eksenleri stator eksenine sabitlenmiş olup durağan haldedir. Fakat rotor değişkenleri $(d^r - q^r)$ rotor eksenine sabitlenmiş olup w_r hızıyla dönmektedir. Senkron referans ekseni $(d^e - q^e)$ ile rotor referans ekseni $(d^r - q^r)$ arasında pozitif kayma açısı θ_{sl} vardır. Böylece senkron pozisyon rotor pozisyonu ile kayma pozisyonunun toplamına senkron hız ise rotor hızı ile kayma hızının toplamına eşittir. Bu durum Eş. 2.48'de gösterilmektedir. [1]

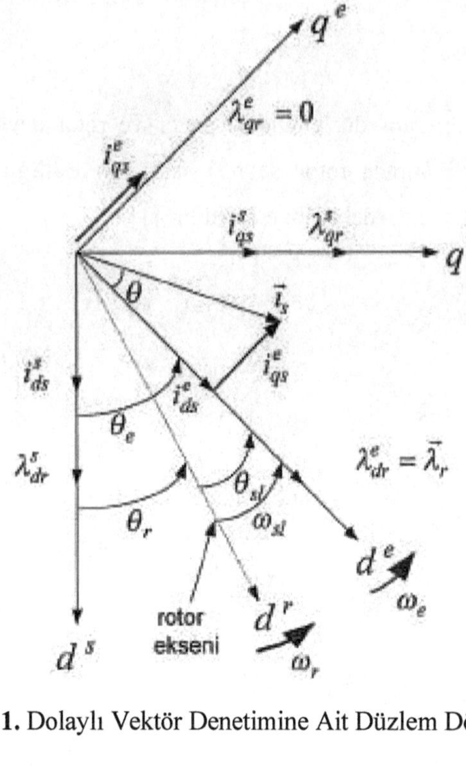

Şekil 2.11. Dolaylı Vektör Denetimine Ait Düzlem Dönüşümleri

$$\theta_e = \int w_e dt = \int (w_r + w_{sl}) dt = \theta_r + \theta_{sl} \quad (2.48)$$

Senkron referans düzlemi için stator ve rotor gerilim eşitlikleri Eş. 2.36'da verilmiştir. Sincap kafesli ASM'da rotor devresi kısa devre edildiği için rotor gerilimleri sıfır olarak alınır ve rotor devresi gerilimleri Eş. 2.49'da verilmiştir. [1]

$$R_r i_{qr}^e + (w_e - w_r)\lambda_{dr}^e + p\lambda_{qr}^e = 0$$

$$R_r i_{dr}^e - (w_e - w_r)\lambda_{qr}^e + p\lambda_{dr}^e = 0 \quad (2.49)$$

Eş. 2.49'da ifade edildiği gibi senkron hız durumundan rotor hızını çıkartırsak kayma hız değeri Eş. 2.50'deki gibi elde edilir.

$$w_{sl} = w_e - w_r \quad (2.50)$$

Eş. 2.38'de senkron referans düzlemindeki stator ve rotor devresine ait sargı akı eşitlikleri verilmiştir. Burada rotor devresi sargı akı eşitliğini kullanarak rotor devresine ait akımlar Eş. 2.51'deki gibi elde edilir. [1]

$$i_{dr}^e = \frac{1}{L_r}\lambda_{dr}^e - \frac{L_m}{L_r} i_{ds}^e$$

$$i_{qr}^e = \frac{1}{L_r}\lambda_{qr}^e - \frac{L_m}{L_r} i_{qs}^e \quad (2.51)$$

Eş. 2.51'deki ifadeler Eş. 2.49'da yerine konulursa Eş. 2.52 elde edilir.

$$\frac{R_r}{L_r}\lambda_{qr}^e - \frac{L_m}{L_r} R_r i_{qs}^e + w_{sl}\lambda_{dr}^e + p\lambda_{qr}^e = 0$$

$$\frac{R_r}{L_r}\lambda_{dr}^e - \frac{L_m}{L_r} R_r i_{ds}^e + w_{sl}\lambda_{qr}^e + p\lambda_{dr}^e = 0 \quad (2.52)$$

Rotor akı vektörü $\overrightarrow{\lambda_r^e}$ birbirinden bağımsız λ_{dr}^e ve λ_{qr}^e akı vektörlerinden oluşmaktadır. λ_{qr}^e sıfıra eşitlenerek değişken sayısı bire indirilmiş olur. [1]

$$\lambda_{qr}^e = 0 \quad \textbf{(2.53)}$$

$$p\lambda_{qr}^e = 0 \quad \textbf{(2.54)}$$

Böylece toplam akı vektörü d^e eksenindeki akıya eşit olur.

$$\lambda_{dr}^e = \overrightarrow{\lambda_r^e} \quad \textbf{(2.55)}$$

Eş. 2.53, Eş. 2.54 ve Eş. 2.55'e göre Eş. 2.52 tekrar yazılacak olunursa Eş. 2.56 ve Eş. 2.57 elde edilir.

$$w_{sl} = \frac{R_r}{L_r}\frac{L_m}{\overrightarrow{\lambda_r^e}} i_{qs}^e \quad \textbf{(2.56)}$$

Eş. 2.56'da kayma açısal hızı doğrudan rotor zaman sabiti $\tau_r = L_r/R_r$'ye bağlıdır. Senkron hızda dönen referans düzleminde rotor mıknatıslanma akımı Eş. 2.57'de verilmiştir.

$$i_{mr}^e = \frac{\overrightarrow{\lambda_r^e}}{L_m} \quad \textbf{(2.57)}$$

Eş. 2.51'deki λ_{dr}^e ifadesi yerine Eş. 2.57 ifadesi yazılacak olursa, Eş. 2.58 elde edilir.

$$i_{dr}^e = \frac{L_m}{L_r} i_{mr}^e - \frac{L_m}{L_r} i_{ds}^e \quad \textbf{(2.58)}$$

Eş. 2.49'daki i_{dr}^e ifadesi yerine Eş. 2.58 ifadesi yazılırsa, Eş. 2.59 elde edilir.

$$i_{ds}^e = i_{mr}^e + \frac{L_r}{R_r} p i_{mr}^e \quad \textbf{(2.59)}$$

Eş. 2.41'deki elektromanyetik moment ifadesindeki rotor akımları yerine rotor sargı akıları kullanılarak tekrar yazılırsa, Eş. 2.60 elde edilir.

$$T_e = \frac{3}{2}\frac{P}{2}\frac{L_m}{L_r}\left(\lambda_{dr}^e i_{qs}^e - \lambda_{qr}^e i_{ds}^e\right) \tag{2.60}$$

Eş. 2.53 ve Eş. 2.55, Eş. 2.60'da yerine konulursa akımın moment bileşeni olan akım Eş. 2.61'deki gibi elde edilir.

$$i_{qs}^e = \frac{T_e}{\frac{3}{2}\frac{P}{2}\frac{L_m^2}{L_r} i_{ds}^e} \tag{2.61}$$

Açısal kayma hızı Eş. 2.62'deki gibi yazmak mümkündür.

$$w_{sl} = \frac{1}{\tau i_{ds}^e} i_{qs}^e \tag{2.62}$$

Eş. 2.60'daki elektromanyetik moment ifadesi ise Eş. 2.63'deki gibi yazılır.

$$T_e = \frac{3}{2}\frac{P}{2}\frac{L_m^2}{L_r}\left(i_{ds}^e i_{qs}^e\right) \tag{2.63}$$

Vektör kontrolünün avantajları, skalar kontrolle karşılaştırıldığında, daha iyi moment cevabı olması, sıfır hıza yakınken tam yük momenti, kesin hız kontrolü, DC sürüşe yakınlık olarak sayılabilir. Geri besleme elemanları nedeniyle, bu yöntemin, skalar kontrole göre daha pahalı olusu yöntemin dezavantajıdır. Bununla birlikte gerçek zamanda hız hesabı için karmaşık bir algoritmaya gereksinim duyulur. [17]

2.3.6. Doğrudan Moment Kontrol (DTC)

Doğrudan moment kontrol (DTC) yöntemi son yıllarda asenkron motor sürücülerinde yoğun bir şekilde kullanılmaya başlanmıştır. Doğrudan moment kontrollü sürücüler ile ilgili araştırmalar 1985 yılından itibaren başlamış olup, ilk çalışmalar Japonya'da Takahashi (1986) ve Almanya'da Depenbrock (1988) tarafından yapılmıştır. Bu konuda ilk ticari ürünü ABB firması 1995 yılında piyasaya sürmüştür. [8, 16]

Doğrudan moment kontrol yöntemi hızlı dinamik moment tepkisi sağlamasının yanında motor parametrelerinin değişmesine karşı akım denetleyici kullanmadan bile oldukça dayanıklıdır. Ayrıca DTC sadece iki adet histerezis bant denetleyici ve en uygun gerilim vektörünün seçimi için oluşturulan anahtarlama tablosu kullanılarak kolaylıkla gerçekleşebilmektedir. İki seviyeli histerezis bant stator akı denetimi ve üç seviyeli histerezis bant ise moment denetimi için kullanılmaktadır. Diğer taraftan DTC hala, özellikle düşük hızlarda moment ve akı dalgalanmaları, stator direncindeki değişim ve akı düşüşü gibi sorunlara sahiptir. En önemli sorunlardan biri de düşük hızlarda ortaya çıkan akı düşüşüdür [8].

2.3.6.1. DTC Çalışma Prensibi

Doğrudan moment kontrol yöntemi, referans ve hesaplanan akı vasıtasıyla momentte oluşacak hataları doğrudan giderecek nitelikte bir anahtarlama dizisinin, eviricideki güç anahtar elemanlarına uygulanması prensibine dayanır. Bu sayede moment ve akı hatasında oluşabilecek değişimler anında düzeltilebilmekte ve hızlı bir moment cevabı sağlanabilmektedir. Bu yöntem makinenin akı ve momentinin, makine parametreleri ve ölçülen büyüklükler yardımıyla hesaplanmasını mümkün kıldığı için aynı zamanda bir doğrudan vektör kontrol yöntemi sayılır. Doğrudan vektör denetimi yönteminden farkı, akımlar için herhangi bir dönüşüm yapılmasına gerek duyulmadığı gibi, sinüs-üçgen karşılaştırılması veya histerezis akım denetimi gibi bir Darbe Genişlik Modülasyonu (DGM) oluşturma yöntemine de ihtiyaç yoktur. Diğer vektör denetim yöntemleri daha çok rotor akı yönlendirmesi kullanırken, doğrudan vektör denetim yöntemi stator akı yönlendirmesini kullanan bir yöntemdir ve α-β eksen takımındaki motor modelinden hareketle gerçekleştirilmektedir. [8, 18, 21].

DTC'de motor akısı ve momentinin temel denetim değişkenleri olarak kullanılma düşüncesi, DA sürücüde yapılan işlemle ilkesel olarak aynıdır. Buna karşılık, klasik

DTC ve akı vektör denetimli sürücülerde çıkış gerilimi ile frekansı temel denetim değişkenleri olarak kullanılır ve bu değişkenler modüle edilerek motora uygulanır. Bu modülatör katı, ek bir işaret işleme zamanı oluşturarak mümkün olan moment ve hız cevabını kısıtlar. DTC'de akı ve momentin her ikisi de histerezis denetleyici ile denetlenir ve DGM üretici ile ilgili gecikmeler ortadan kalkar. DGM üretici yerine optimum anahtarlama mantığı kullanılır. Böylece, DA sürücünün sahip olduğu moment denetim ve doğrudan akı denetim ile hızlı cevap verme gibi özellikler elde edilir. Moment cevabı, oldukça iyidir ve orta seviyeli hız doğruluğu (%0.1 -%10) için hız algılayıcı ihtiyacını ortadan kaldırır [8, 22].

DTC sistemine ait basit bir blok diyagram Şekil 2.12'de verilmiştir. Sistemim çekirdeği dört ana bölümden oluşmaktadır. Bu bölümler; stator akı ve moment kestiricisi, histerezis akı ve moment karşılaştırıcıları ile optimum anahtarlama vektör tablosu olarak sıralanabilir. Akı ve moment kestirici, iki faz stator akımı, DA bara gerilimi ve anahtarlama vektör bilgilerini kullanarak motorun stator akısının ve momentinin kestirimini sağlar. Moment ve stator akısının referans değerleri kestirim değerleri ile karşılaştırılarak elde edilen hata değerleri Şekil 2.12'de gösterildiği gibi histerezis karşılaştırıcı girişlerine uygulanır ve çıkışlarında kontrol sinyalleri üretilir (d_T, d_ψ). Bu sinyaller ve stator akısı uzay vektör pozisyonu kullanılarak anahtarlama tablosundan en uygun anahtarlama vektörü seçilerek gerilim beslemeli (VSI) eviriciye uygulanır. [23]

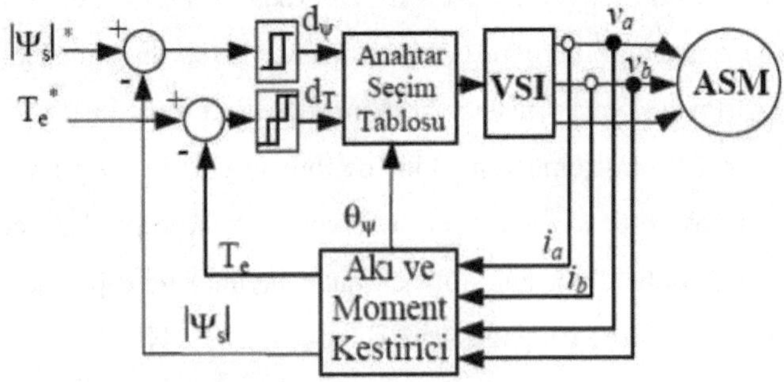

Şekil 2.12. DTC Blok Şeması

2.3.6.2. DTC' nin Matematiksel ve Fiziksel Yorumu

Uygun stator gerilim vektörlerinin seçilmesi ile stator akısının ve momentin doğrudan kontrol edilmesi, bu yöntemin doğrudan moment kontrolu olarak adlandırılmasına sebep olmuştur. Yöntemin temel fikri, motor akı ve momentini, stator akım ve geriliminin ani değerlerini kullanarak hesaplamaktır. Asenkron motorda stator akısı ve stator gerilimleri arasındaki ilişki aşağıdaki gibi verilmektedir.

$$V_{s\alpha} = R_s I_{s\alpha} + d\psi_{s\alpha}/\mathrm{dt} \quad \textbf{(2.64)}$$

$$V_{s\beta} = R_s I_{s\beta} + d\psi_{s\beta}/\mathrm{dt} \quad \textbf{(2.65)}$$

Rotor akıları, stator akıları cinsinden yazılıp moment ifadesindeki yerine konularak

$$M_e = \frac{3}{2} p(\psi_{s\alpha} I_{s\beta} - \psi_{s\beta} I_{s\alpha}) \quad \textbf{(2.66)}$$

(2.64) ve (2.65) denklemleri kullanılarak stator akısının α-β bileşenleri Eş. 2.67 ve Eş. 2.68 denklemleri yazılabilir:

$$\psi_{s\alpha} = \int (V_{s\alpha} - R_s I_{s\alpha})\mathrm{dt} \quad \textbf{(2.67)}$$

$$\psi_{s\beta} = \int (V_{s\beta} - R_s I_{s\beta})\mathrm{dt} \quad \textbf{(2.68)}$$

Akı bileşenlerinin (2.67) ve (2.68)'den elde edilebilmeleri için makinenin α-β eksenlerindeki akım ve gerilim bileşenlerine gerek vardır. Bu büyüklükler abc'den α-β'ya Clarke dönüşüm denklemleri kullanılarak ölçülen abc stator faz bileşenlerinden hareketle bulunabilir. Hesaplanan stator akı bileşenlerinden hareketle stator akısının genliği ve açısı denklem (2.69) ve (2.70) gibi bulunur.

$$|\overline{\psi_s}| = \sqrt{{\psi_{s\alpha}}^2 + {\psi_{s\beta}}^2} \quad \textbf{(2.69)}$$

$$\theta = \tan^{-1}(\psi_\beta / \psi_\alpha) \quad \textbf{(2.70)}$$

(2.66) ve (2.69)'daki denklemler yardımıyla hesaplanan moment ve stator akı vektörünün genliği ile bunların referans değerleri arasındaki farkların oluşturduğu moment ve akı hataları ile stator akı bileşenlerinden hareketle saptanan akının, θ açısal konumu kullanılarak oluşturulan anahtarlama dizisi, eviricide yer alan güç anahtar elemanlarına uygulanır.

2.3.6.3. Stator Akısının Kontrolü

DTC sürücüde hızlı moment kontrolü stator akısı vektörünün pozisyonu veya diğer bir ifade ile hızı değiştirilerek sağlanır. Fakat stator akı vektörünün açısı ve genliği stator gerilimi ile değiştirilebilir. Stator direnci üzerindeki gerilim düşümü ihmal edilirse $d\psi_{s\alpha}/\mathrm{dt} = \bar{V}_s$ yazılabilir. Böylece, istenen stator akı yörüngesi uygun stator gerilim vektörleri kullanılarak elde edilebilir. Yani stator akısı uzay vektörü, stator gerilimi uzay vektörünün integrali olduğundan, uygulanan gerilim vektörü doğrultusunda hareket eder.

Gerilim kaynaklı eviricide altı adet aktif gerilim anahtarlama vektörü ve iki adet sıfır gerilim anahtarlama vektörü vardır. Bu anahtarlama konumları Şekil 2.13 'de gösterilmiştir. Eviriciye aktif anahtarlama vektörü uygulanırsa, stator akı vektörü hızlı hareket edecek ve sıfır anahtarlama vektörü uygulandığında hemen hemen duracaktır. Bu altı anahtarlama konumundan başka, uygulandığında çıkışında bir gerilim üretmeyen V_0(0,0,0) ve $V_7(1,1,1)$ anahtarlama seviyeleri de vardır. V_0'da sadece üstteki anahtarlar kapalı, alttakiler açıkken, V_7'de sadece üstteki anahtarlar açık olup her iki durumda da motor sargılarından akım akmamaktadır.

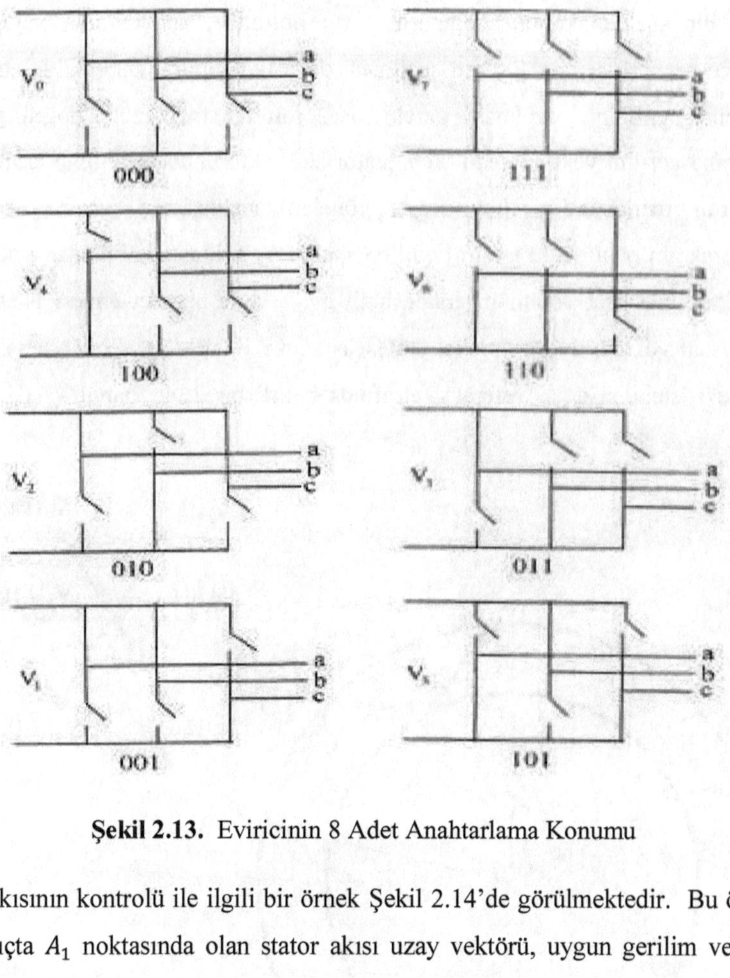

Şekil 2.13. Eviricinin 8 Adet Anahtarlama Konumu

Stator akısının kontrolü ile ilgili bir örnek Şekil 2.14'de görülmektedir. Bu örnekte, başlangıçta A_1 noktasında olan stator akısı uzay vektörü, uygun gerilim vektörleri seçilerek bir histerezis bandı içerisinde ve dairesel bir yörüngede saat yönünün tersine hareket ettirilmiştir. A_1 noktasında stator akısı uzay vektörü 1. bölgede ve üst sınırdadır. Anahtarlama vektörü olarak V_3 seçilirse, stator akısı A_1'den A_2'ye doğru ilerler. A_2 noktası da 2. bölgedeki üst sınır olup, bu noktada V_4 vektörü seçilirse şekildeki gibi hareket devam eder. Eğer A_3 noktasında stator akısı uzay vektörü durdurulacaksa sıfır gerilim vektörlerinden biri seçilir. V_0 ve V_7 sıfır anahtarlama vektörlerinden hangisinin seçileceği, anahtarlama sayısının minimum olmasına göre belirlenir. V_4 vektörü (011) olduğuna göre, V_0 (000) seçilirse iki anahtar ve V_7 (111)

seçilirse bir anahtar konum değiştirir. Bu durumda, anahtarlama kayıplarının gereksizce artmaması için V_7 'nin seçilmesi daha uygundur. Bu şekilde stator akı vektörünün genliğinin azalması gerekli ise, rotorun merkezine doğru yönelen anahtarlama gerilim vektörü seçilirken, stator akı vektörünün genliğinin artması için de rotorun merkezinden dışa doğru yönelen anahtarlama gerilim vektörleri uygulanarak akı büyüklüğü kontrol edilir. Yani, A_3 noktasında bulunan stator akısı uzay vektörünün saat yönünün tersine hızlı bir şekilde hareket etmesi istenirse V_3 vektörü, saat yönüne doğru hareket etmesi istenirse V_1 vektörü seçilebilir. Böylece, stator akısı istenilen ψ_{sref} referansı etrafında belirli bir $2\Delta\psi_s$ bandı içinde kontrol edilir.

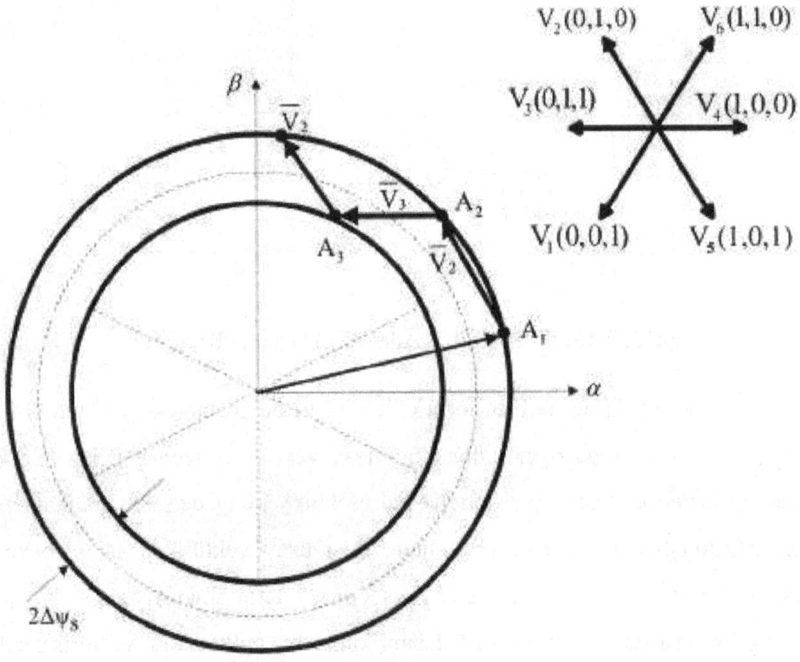

Şekil 2.14. Stator Akısının Kontrol Edildiği Yörünge

Saat yönünün tersine dönen bir motorda, momentte bir artış gerekiyorsa, stator akısı uzay vektörünü saat yönünün tersine hareket ettirmek gerekir. Momentte bir azalma gerekiyorsa, stator akısı uzay vektörünü saat yönünde hareket ettirmek gerekir. Momentin değişmesi istenmiyorsa, stator akısı uzay vektörünün dönmesi durdurulur. Bu üç farklı moment durumu için seçilecek vektörler, stator akısı uzay vektörünün bulunduğu bölgeye ve stator akısında yapılacak değişikliğe bağlıdır. Dolayısıyla, moment ve stator akısındaki artma ve azalma durumları için altı aktif vektör arasından seçim yapılır.

2.3.6.4. Stator Akısı Uzay Vektörünün Bulunduğu Sektörün Belirlenmesi

Optimum anahtarlama vektörünün seçimi için stator akısı uzay vektörünün bulunduğu bölgenin belirlenmesi gerekir. Bu yöntemde akı vektörünün konumunun, diğer yöntemlerde olduğu gibi eksen dönüşümleri amacıyla kullanılmadığı için hesaplanmasına gerek yoktur. Akı vektörünün sadece hangi bölgede olduğunun bilinmesi yeterlidir.

Tablo 2.2. Stator Akısı Uzay Vektörünün Belirlenmesi

Sektör	**Açı**
1	$-30<\theta<30$
2	$30<\theta<90$
3	$90<\theta<150$
4	$150<\theta<210$
5	$210<\theta<270$
6	$270<\theta<330$

Tablo 2.2'de gösterildiği gibi açının değerine göre akı vektörünün altı tane sektörden hangisinde olduğu belirlenir. Her sektör aralığı 60°'dir. Bu sektör aralıkları Şekil 2.15'de gösterilmiştir.

DTC yönteminde iki farklı şekilde sektör belirlenebilir. Birincisi stator akısı yolunun dairesel olduğu, diğeri stator akı yolunun altıgen olduğu yöntemdir. Bu iki yöntemin tek farkı sektör belirleme açısının farklı aralıklarda seçilmesidir.

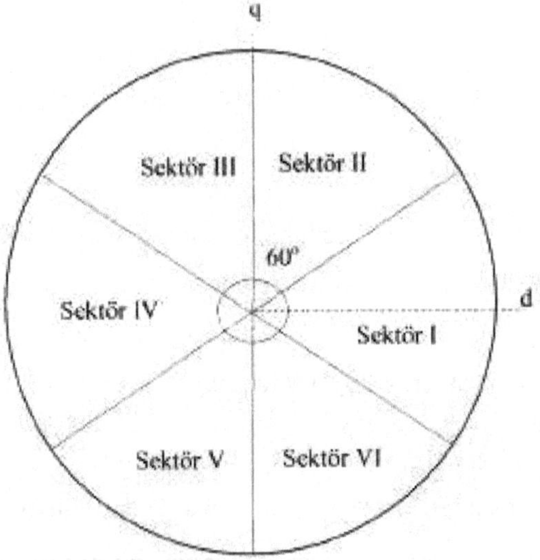

Şekil 2.15. Sektör Aralıkları

2.3.6.5. Histerisiz Bant Kontrolü

Akı kontrolü için kullanılan histerisiz karşılaştırıcı iki seviyeli bir karşılaştırıcıdır. Stator akısı hatasının histerisiz bant sınırları içinde kalmasını sağlar. Gerçek akı, referans akıdan küçük ise çıkış 1 aksi takdirde 0'dır. Moment histerisiz karşılaştırıcı üç seviyeli bir karşılaştırıcıdır. Moment kontrolü için kullanılan histerisiz karşılaştırıcı, moment hatasının istenen bant sınırları içinde kalmasını sağlar. Karşılaştırıcının çıkışı +1 ise moment artacak, -1 ise azalacak ve 0 ise değişmeyecek anlamına gelir. DTC' de histerisiz bantların amacı hem stator akısı hatasını hem de moment hatasını sıfıra indirmek için en uygun anahtarlama vektörünü seçmektir. Akının genliği Eş. 2.69 ifadesinden hesaplanır ve moment Eş.2.66'daki gibi hesaplanır. Referans akı ve moment, gerçek akı ve moment ile karşılaştırılarak, oluşan akı ve moment hataları Şekil 2.16 ve Şekil 2.17'de gösterilen akı ve moment için histerisiz bloklarına uygulanır. Bu blokların ürettiği işaretler anahtarlama tablosunun adreslenmesinde kullanılacaktır. Bu bloklarda akı ve moment için histerisiz bant genişlikleri $\Delta\psi_s$ ve ΔM_e ile temsil edilmişlerdir. Bu bandlar, akı ve momentin hesaplanmış değerlerinin, referans akı ve moment değerlerinden ne kadar sapmasına izin verileceğini gösterir.

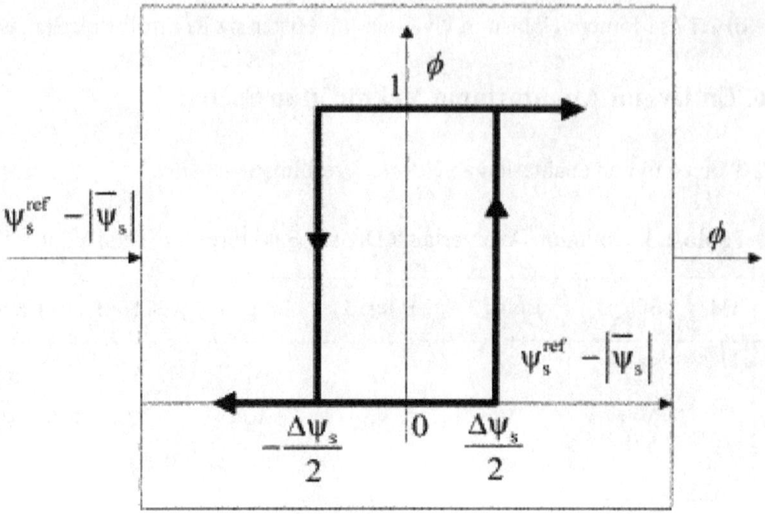

Şekil 2.16. Akı Hatasının Uygulandığı Histerisiz Kontrol Blok Şeması

Tablo 2.2'den elde edilen konum bilgisi ve Şekil 2.20 ve Şekil 2.21'deki histerisiz denetleyicilerinin ürettiği işaretlerle birlikte stator akı vektörünün, statorda duran α-β eksen takımına göre saat ibresinin tersi yönde dönebilmesi için güç anahtarlarına uygulanacak olan anahtarlama dizisi Tablo 2.3' de verilmiştir.

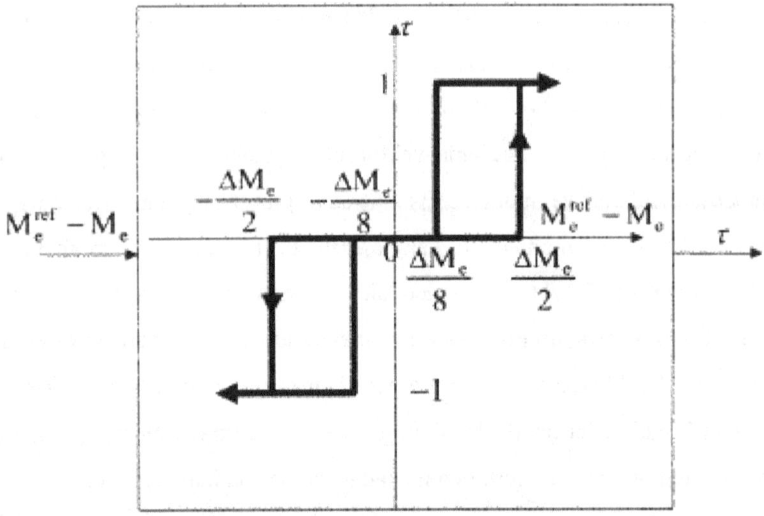

Şekil 2.17. Moment Hatasının Uygulandığı Histerisiz Kontrol Blok Şeması

2.3.6.6. En Uygun Anahtarlama Vektörünün Seçimi

Tablo 2.3 'de en uygun anahtarlama vektörleri verilmiştir.

Tablo 2.3. Optimum Anahtarlama Dizisi (Saat İbresinin Tersi Yönü)

$\Delta\psi_s$	ΔM_e	Bölge 1	Bölge 2	Bölge 3	Bölge 4	Bölge 5	Bölge 6
1	1	V_6	V_2	V_3	V_1	V_5	V_4
	0	V_7	V_0	V_7	V_0	V_7	V_0
	-1	V_5	V_4	V_6	V_2	V_3	V_1
0	1	V_2	V_3	V_1	V_5	V_4	V_6
	0	V_0	V_7	V_0	V_7	V_0	V_7
	-1	V_1	V_5	V_4	V_6	V_2	V_3

Bu tablo bütün stator akı vektör konumları, stator akı büyüklüğü ve referans moment değerleri için anahtarlama vektörlerinin en uygun seçimini gösterir. Stator akısı artırılmak gerekiyorsa $\Delta\psi = 1$, azaltılması gerekiyorsa $\Delta\psi = 0$'dır. Moment artışı gerekli ise $\Delta M = 1$, moment azalması gerekli ise $\Delta M = -1$, moment değişikliği gerekmiyorsa $\Delta M = 0$ olur. [18,21]

2.3.6.7. DTC Yönteminin Avantaj ve Dezavantajları

Geleneksel vektör kontrolü yöntemiyle (FOC), bu yöntem arasındaki fark, DTC'nin önceden belirlenmiş anahtarlama tablolarının olmamasıdır. DTC'de, yükün gereksinimlerine göre inverter anahtarlanır. Sabitlenmiş anahtarlama tablolarının olmaması nedeniyle, ani yük değişimlerine, vektör kontrolü ve Skalar kontrole göre, DTC' nin cevabı son derece hızlıdır. Bu karışık teknoloji yardımıyla hız doğruluğunun % 0,5 oranında yukarı çıkartılmasının sağlanmasıyla, geri besleme elemanlarına gereksinim kalmaz. DTC' li sürücüde, elde edilen gerilim ve akım cevap verme süreleri tamamen motor tarafından belirlenir ve inverter artık bir kısıtlayıcı faktör olmaktan çıkar (Vas, 1998). [16,17]

DTC' de, akı ve momentin her ikisi de histerezis denetleyici ile kontrol edilir ve PWM modülatörü ile ilgili gecikmeler ortadan kalkar. PWM modülatörü yerine optimum anahtarlama mantığı kullanılır. Böylece, DA sürücünün sahip olduğu moment kontrol ve doğrudan akı kontrolü ile hızlı cevap verme gibi özellikler elde edilir. Moment cevabı, DA veya akı vektör kontrolü ile mümkün olandan iyidir. Orta seviyeli hız doğruluğu (%0,1 - %10) için hız algılayıcı ihtiyacı ortadan kalkar. Değişken hızlı sürücü uygulamalarının çoğunda moment kontrolü gerekli olup hız kontrolü gerekmeyebilir. Hassas hız kontrolü gerektirmeyen dizel elektrikli lokomotifler ve elektrikli otomobil gibi tasıma uygulamalarında, elektromanyetik moment doğrudan kontrol edilir ve hız kontrolü kullanılmaz. Doğrudan moment kontrolü yöntemi, özellikle bu uygulamalar için idealdir (Habetler ve Divan, 1991; Habetler vd., 1992a). [16, 17]

DTC'nin temel avantajları aşağıdaki gibi özetlenebilir:

- Optimum anahtarlama vektörleri ile akı ve moment doğrudan kontrol edilir.

- Yüksek dinamik performans ve en hızlı moment cevabı elde edilir.
- Vektör kontrollü sürücülerde olduğu gibi koordinat dönüşümlerine ve gerilim modülasyon bloğuna gerekir yoktur.
- Diğer kontrol yöntemlerine nazaran daha az kontrolöre ihtiyaç vardır.
- Koordinat dönüşümüne, modülatöre ve denetleyiciye ihtiyaç yoktur. Hız kontrolü için tek bir PI denetleyici kullanmak yeterlidir.
- İnverter anahtarlama frekansı, akı ile momentin histerezis bant genişliklerine bağlıdır ve değişkendir. Moment dalgalanması, örnekleme süresi ve bant genişliğine bağlıdır.
- Akı vektörünün konumunun tam bilinmesi zorunluluğu yoktur. Sadece hangi sektör içerisinde bulunduğunu tanımlamak gerekir.

DTC'nin bazı dezavantajları ise aşağıdaki gibi özetlenebilir.

- Kalkış esnasında, düşük hız bölgesinde ve moment değişimi sırasında bazı problemler oluşabilir.
- Akı tahmini için, diğer vektör sürücülerinde olduğu gibi gelişmiş tekniklerin kullanılması gereklidir.
- Değişen anahtarlama frekansı durumu oluşur.
- Yüksek moment dalgalanmaları oluşur.

3. ÇALIŞMALAR

3.1. Deneysel Çalışmalar

Bu kısımda yapılan deneysel çalışmalar açıklanmıştır. Deneysel çalışmalar için etiket bilgileri Tablo 3.2.1 ve Tablo 3.2.2' de verilen 1.1 kW'lık Gamak marka biri EFF1 diğeri EFF2 verim sınıfına ait 2 adet üç fazlı asenkron motor ve bu motorlara yol vermek için skalar, vektörel ve dtc prensipli ABB marka motor sürücüleri kullanılmıştır. Şekil 3.1' deki deney bağlantı şeması kurulduktan sonra yüksek verimli ve standart asenkron motor için deneyler ayrı ayrı gerçekleştirilmiştir.

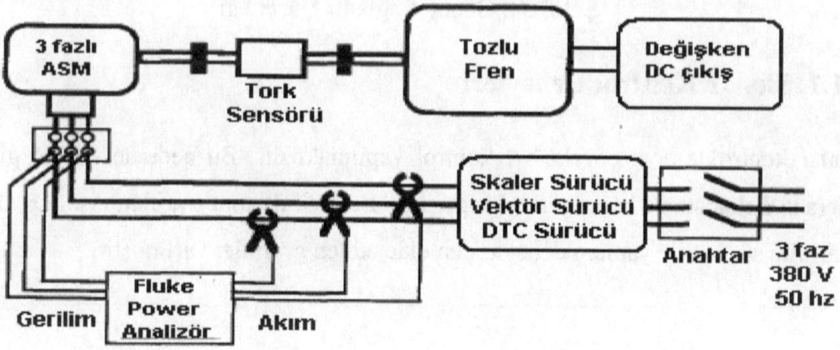

Şekil 3.1 Deney Bağlantı Şeması

Motorlara skaler ve vektörel kontrol yöntemleri ABB marka ACS350 sürücü ile dtc yöntemi ise ABB ACS800 sürücü ile uygulanmış olup yük olarak Delorenzo marka tozlu fren kullanılmıştır. Deney sırasında ölçü aletleri alınan veriler MS Office Exel yardımıyla grafiklere dönüştürüldü. Ayrıca Fluke 434 Power Analyser ile veriler alınmıştır. Şekil 3.2' de ise deney setinin görüntüsü verilmiştir.

Şekil 3.2 Deney Bağlantı Düzeneği

3.1.1. Skalar Kontrol Deneyleri

Skalar kontrolde açık çevrim v/f kontrol yapılmaktadır. Bu nedenle sürücü girilen referans frekansta ve buna oranlı bir gerilim üreterek motora uygular. Aşağıda skaler kontrollü sürücü ile yapılan deneylerden elde edilen grafikler verilmiştir.

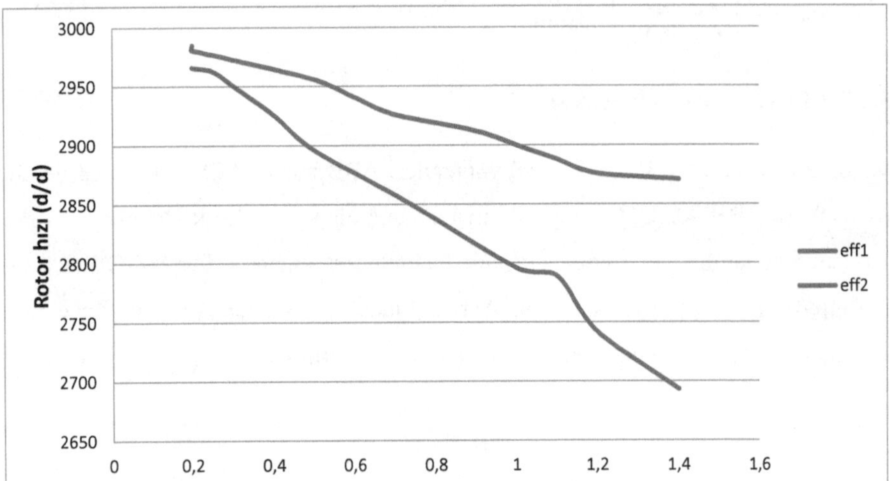

Şekil 3.3 Skalar Kontrol Güç-Hız Grafiği (50 hz referans)

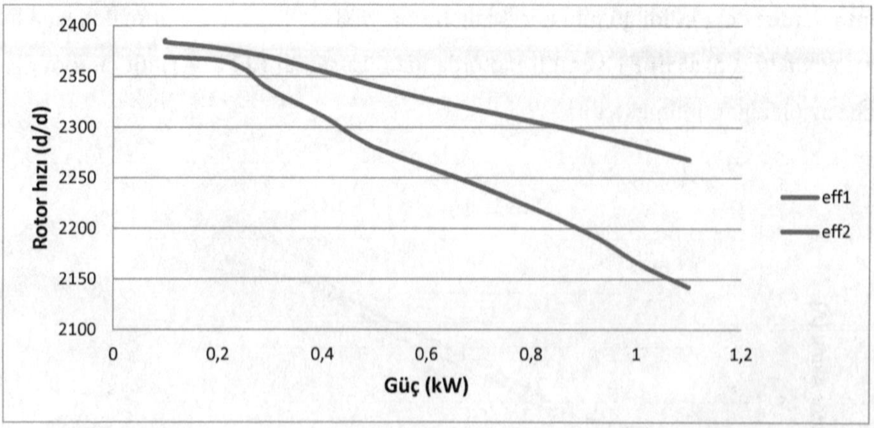

Şekil 3.4 Skalar Kontrol Güç-Hız Grafiği (40 hz referans)

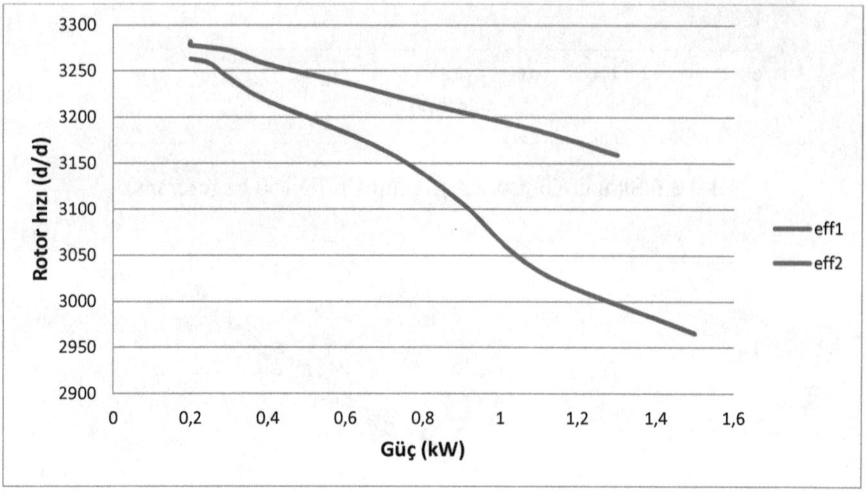

Şekil 3.5 Skalar Kontrol Güç-Hız Grafiği (55 hz referans)

Şekil 3.3, Şekil 3.4 ve Şekil 3.5' te skaler kontrol modundaki sürücüye referans frekans olarak sırasıyla 50, 40 ve 55 hz uygulanmıştır. EFF1 ve EFF2 verimli her iki motor ilk olarak yüksüz çalıştırılmış ve ardından tozlu fren ile kademeli olarak yüklenmiştir. Bu üç grafikteki yatay eksen motor yüklendikçe motorun çektiği gücü, dikey eksen ise motor yükünün artmasına bağlı olarak mil hızının değişimini göstermektedir.

Grafiklerden de görüldüğü gibi her iki motor da yüklendikçe kayma artmakta yani hız azalmaktadır. Fakat EFF1 verimli motorda hız düşüşünün EFF2 verimli motora göre daha az olduğu görülmektedir.

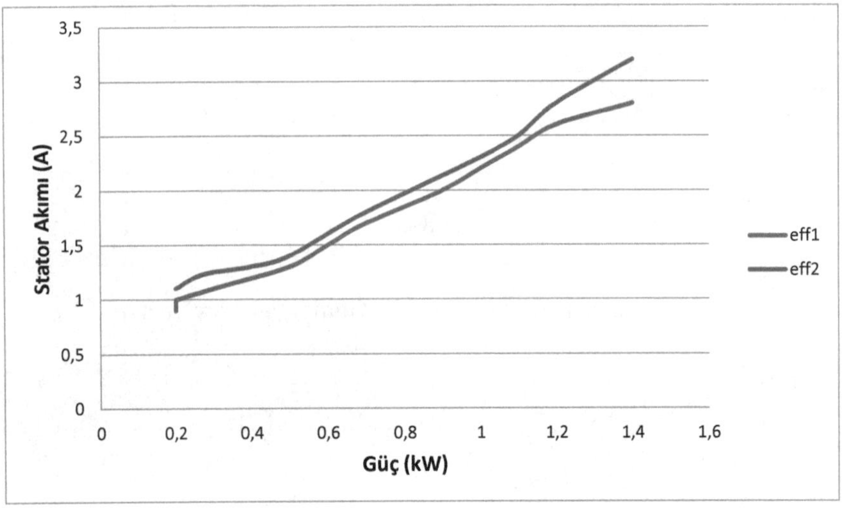

Şekil 3.6 Skalar Kontrol Güç-Akım Grafiği(50 hz referans)

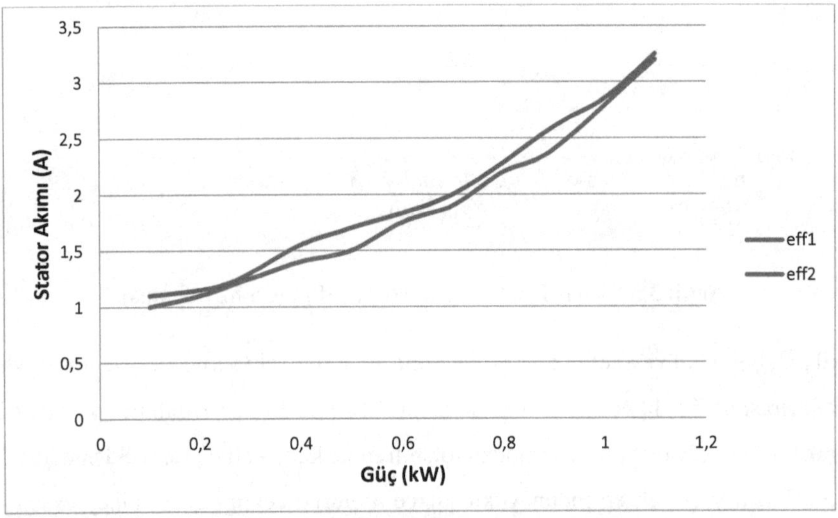

Şekil 3.7 Skalar Kontrol Güç-Akım Grafiği(40 hz referans)

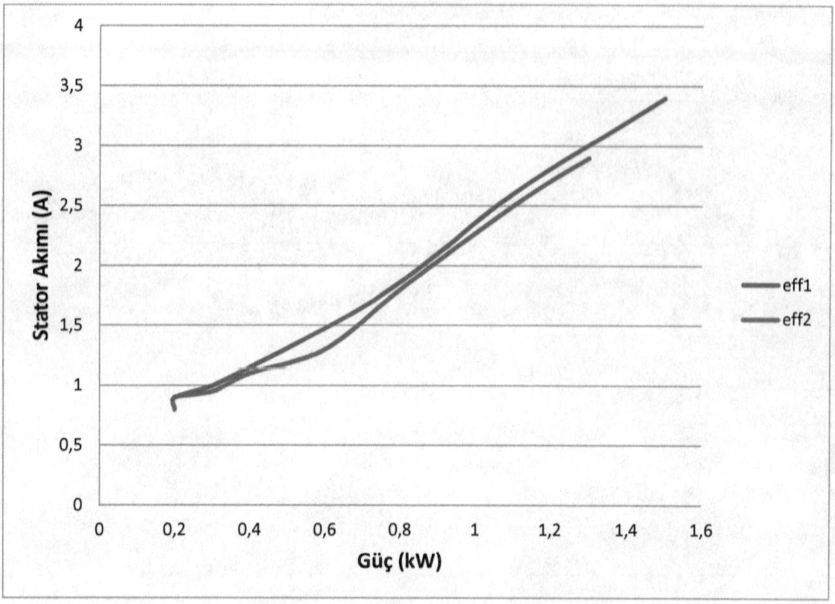

Şekil 3.8 Skalar Kontrol Güç-Akım Grafiği(55 hz referans)

Şekil 3.6, Şekil 3.7 ve Şekil 3.8' de skaler kontrol modundaki sürücüye referans frekans olarak sırasıyla 50, 40 ve 55 hz uygulanmıştır. EFF1 ve EFF2 verimli her iki motor ilk olarak yüksüz çalıştırılmış ve ardından tozlu fren ile kademeli olarak yüklenmiştir. Bu üç grafikteki yatay eksen motor yüklendikçe motorun çektiği gücü, dikey eksen ise motor yükünün artmasına bağlı olarak motorun çektiği akımı göstermektedir. Grafiklerden de görüldüğü gibi her iki motor da yüklendikçe çekilen akım artmaktadır. Fakat EFF1 verimli motorda çekilen akımın EFF1 verimli motora göre daha az olduğu görülmektedir.

Şekil 3.9 ve Şekil 3.10 grafikleri sürücü skalar kontrol modunda çalışırken Fluke 434 Power Analyser ile alınmıştır.

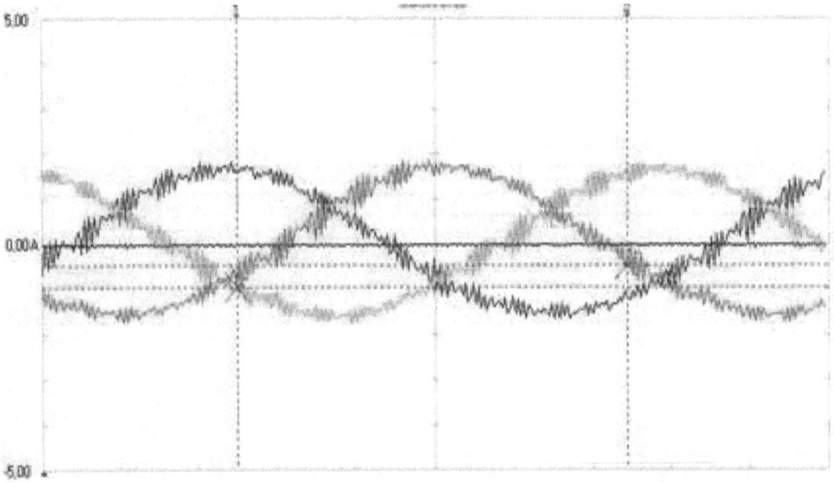

(a)

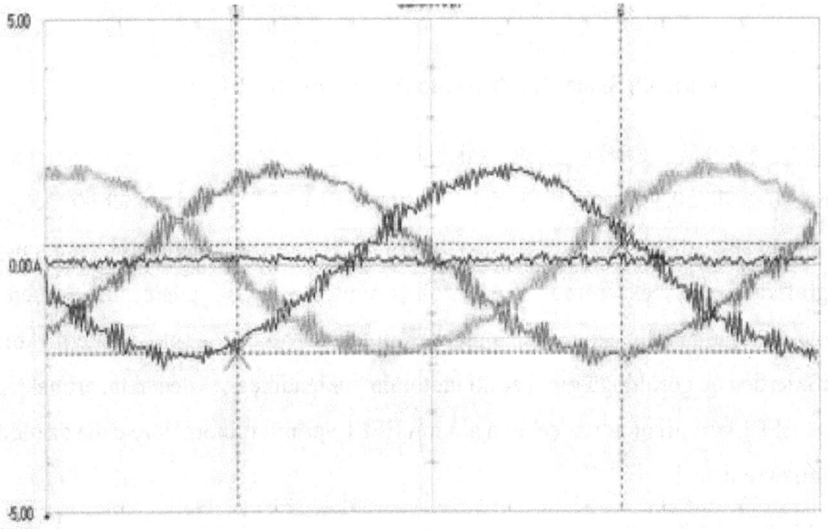

(b)

Şekil 3.9 Skaler Kontrol için 30 hz referans frekansta ve yüksüz durumda 3 faz Çıkış Akım Dalga Şekilleri a) EFF1 Motor İçin b) EFF2 Motor İçin

Şekil 3.9 (a)'da EFF1 verimli motorun Şekil 3.9 (b)'de ise EFF2 verimli motorun 30 hz referans frekansta yüksüz durumda çektiği akım dalga şekilleri görülmektedir. Grafiklerde EFF1 verimli motorun EFF2 verimli motora göre daha az akım çektiği görülmektedir. Her iki grafikte de çekilen akımlarda dalgalanmaların olduğu görülmektedir. Bu akım dalgalanmalarının sebebi ise sürücünün ürettiği gerilimin şeklinin tam sinüsoidal olmamasıdır. [24]

Şekil 3.10 (a)'da EFF1 verimli motorun Şekil 3.10(b)'de ise EFF2 verimli motorun 50 hz referans frekansta ve yüksüz durumda çektiği akım dalga şekilleri görülmektedir. Grafiklerde EFF1 verimli motorun EFF2 verimli motora göre daha az akım çektiği görülmektedir. Her iki grafikte de çekilen akımlarda dalgalanmaların olduğu görülmektedir. Bu akım dalgalanmalarının sebebi ise sürücünün ürettiği gerilimin şeklinin tam sinüsoidal olmamasıdır.

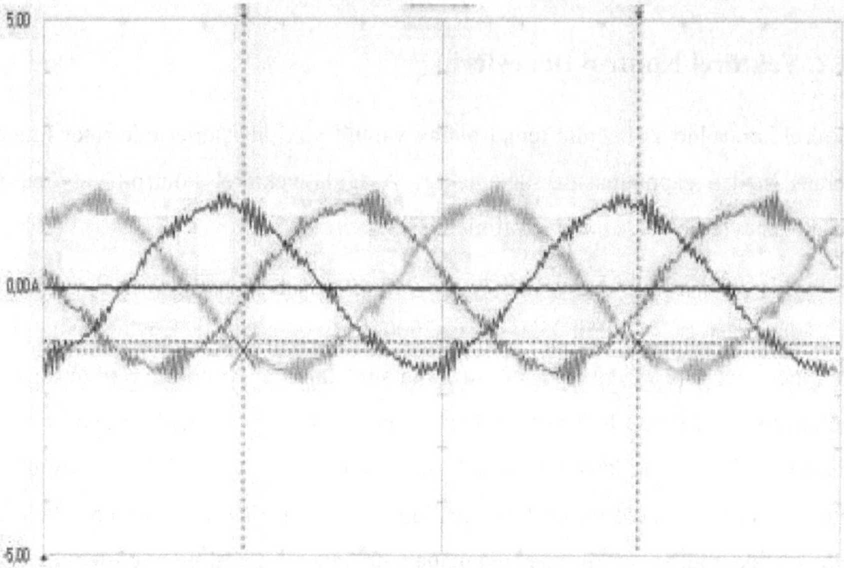

(a)

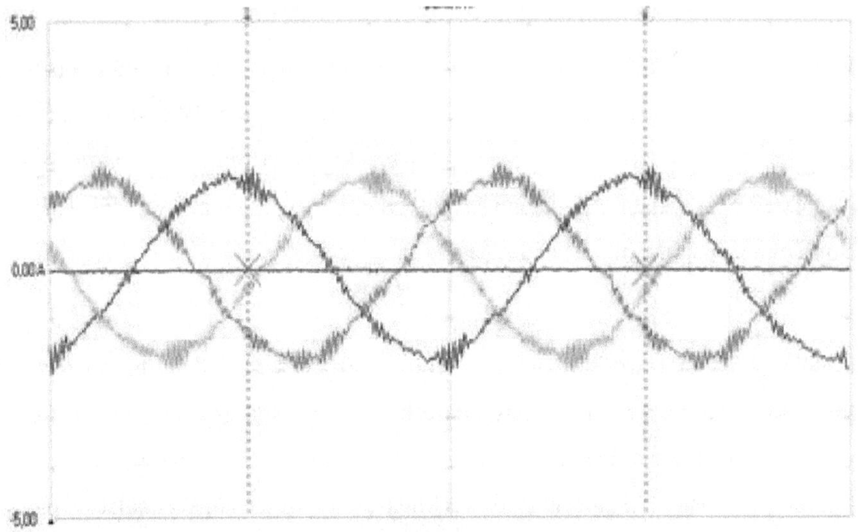

(b)

Şekil 3.10 Skaler Kontrol için 50 hz referans hızda ve yüksüz durumda 3 faz Çıkış Akım Dalga Şekilleri a) EFF1 Motor İçin b) EFF2 Motor İçin)

3.1.2. Vektörel Kontrol Deneyleri

Vektörel kontrolde sürücünün temel olarak yaptığı yük değişimlerinde rotor hızının referans hızdan sapmamasını sağlamaktır. Aşağıda vektörel kontrollü sürücü ile yapılan deneylerden elde edilen grafikler verilmiştir.

Şekil 3.11, Şekil 3.12 ve Şekil 3.13' te vektörel kontrol modundaki sürücüye referans hız olarak sırasıyla 3000 d/d, 3500 d/d ve 2000 d/d uygulanmıştır. Böylelikle nominal hızda, nominal üstü hızda ve düşük hızlarda sürücünün ve motorun verdiği tepkiler ölçülmüştür. EFF1 ve EFF2 verimli her iki motor ilk olarak yüksüz çalıştırılmış ve ardından tozlu fren ile kademeli olarak yüklenmiştir. Bu üç grafikteki yatay eksen motor yüklendikçe motorun çektiği gücü, dikey eksen ise motor yükünün artmasına bağlı olarak motor sargılarına uygulanan frekansın değişimini göstermektedir. Grafiklerden de görüldüğü gibi her iki motor da yüklendikçe hız düşüşü miktarına bağlı olarak frekans belli oranda artırılmıştır. Böylece değişken yüklere rağmen hızın sabit kalması sağlanmıştır. Her üç grafikte de EFF1 verimli motordaki frekans değişiminin EFF2 verimli motora göre daha az olduğu görülmektedir. [24]

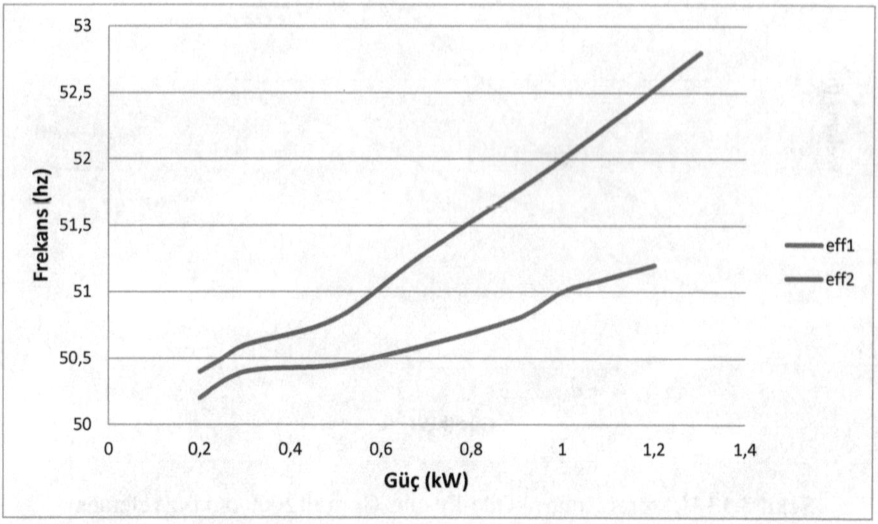

Şekil 3.11 Vektörel Kontrol Güç-frekans Grafiği (3000 d/d hız referans)

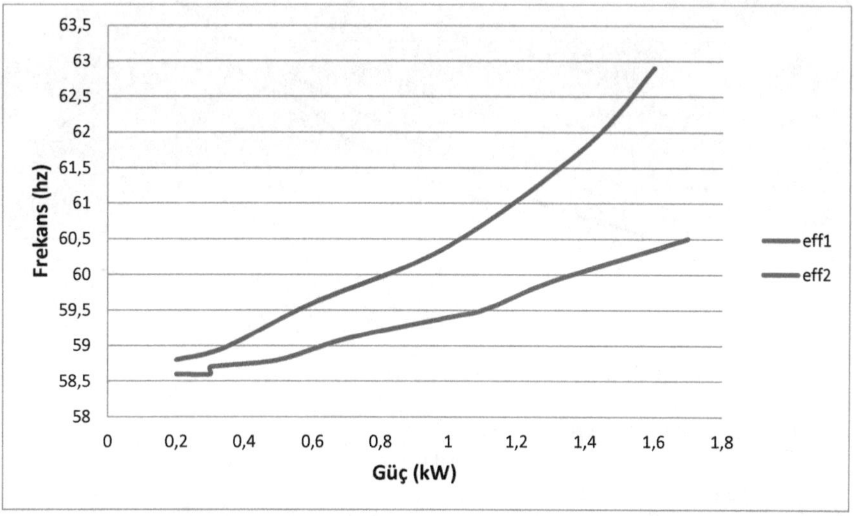

Şekil 3.12 Vektörel Kontrol Güç-frekans Grafiği(3500 d/d hız referans)

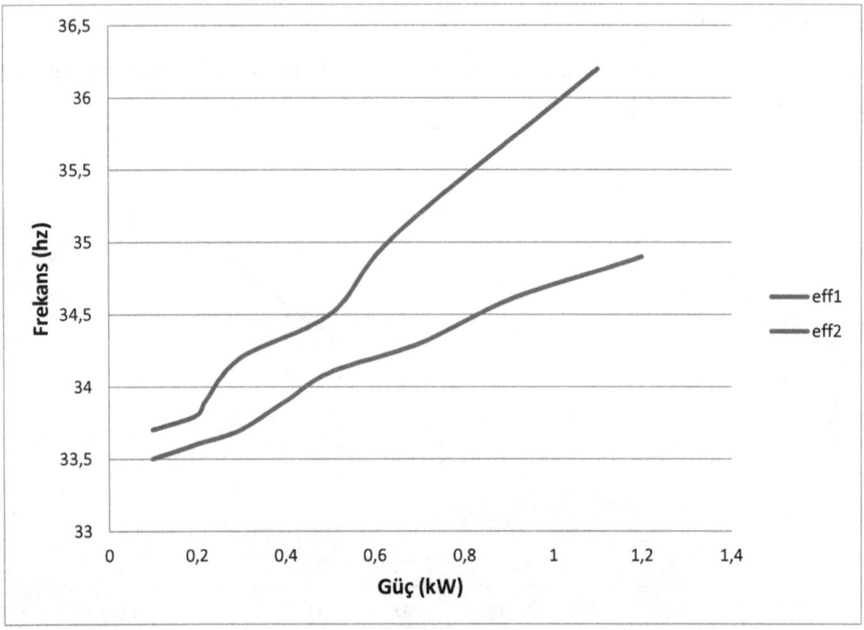

Şekil 3.13 Vektörel Kontrol Güç-frekans Grafiği(2000 d/d hız referans)

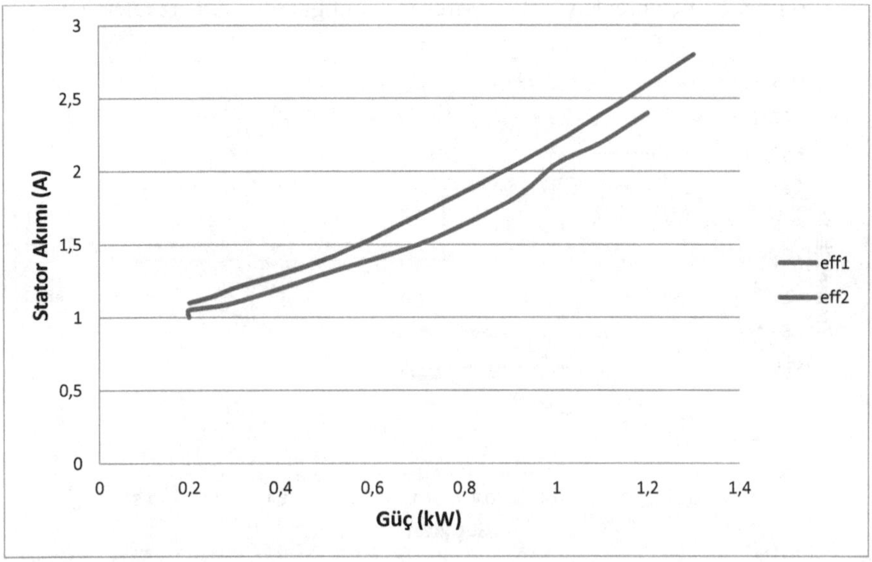

Şekil 3.14 Vektörel Kontrol Güç-Akım Grafiği(3000 d/d hız referans)

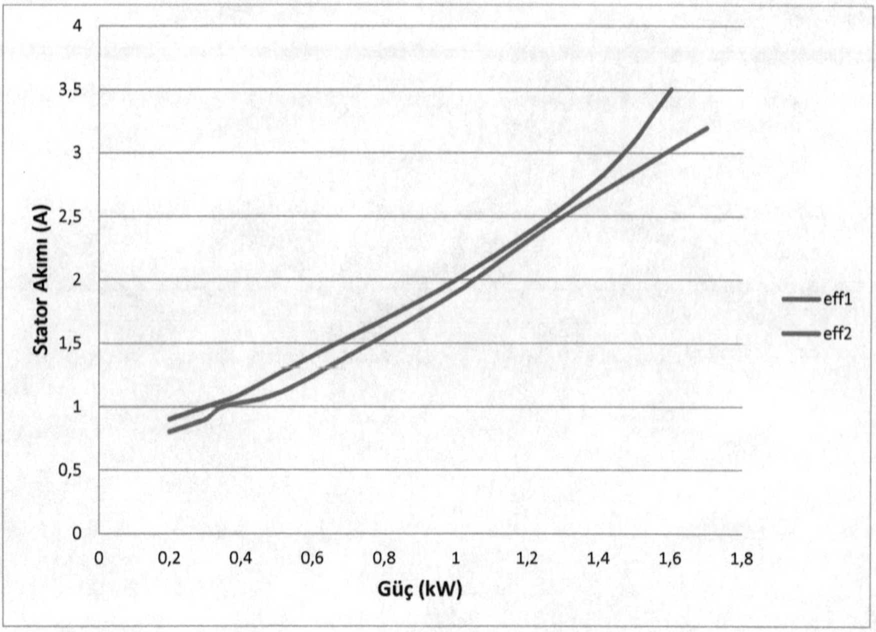

Şekil 3.15 Vektörel Kontrol Güç-Akım Grafiği(3500 d/d hız referans)

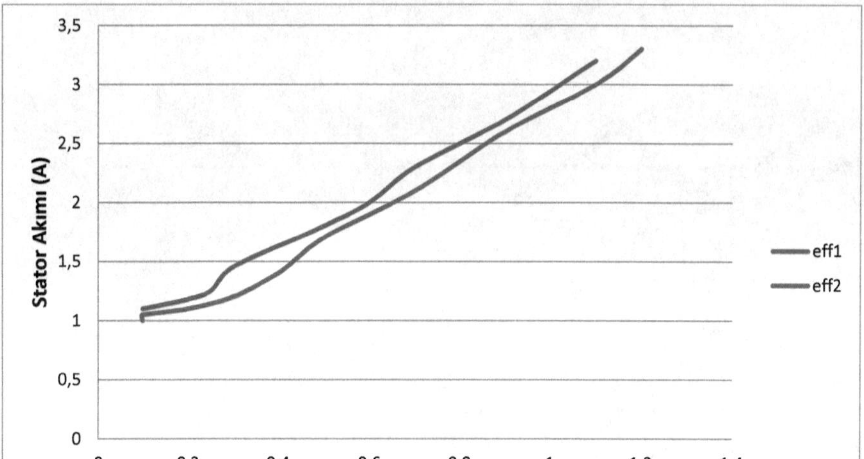

Şekil 3.16 Vektörel Kontrol Güç-Akım Grafiği (2000 d/d hız referans)

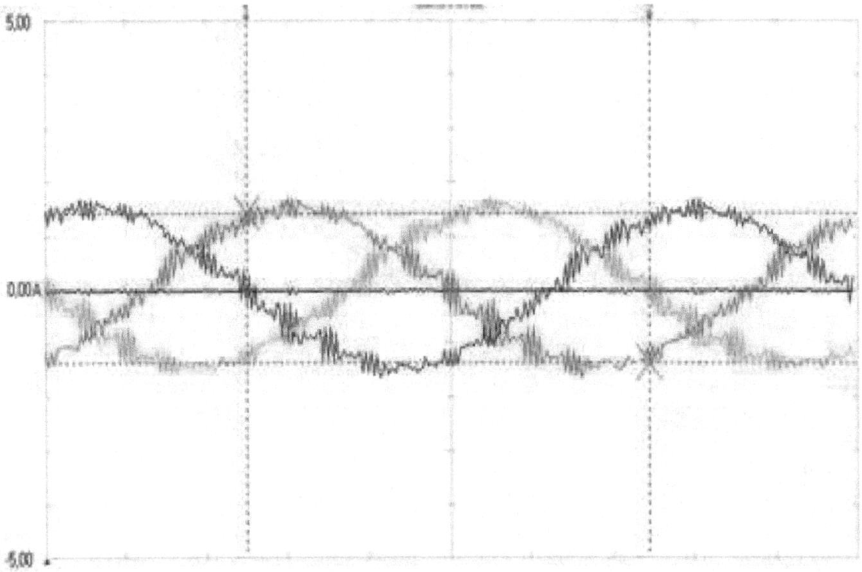

(a)

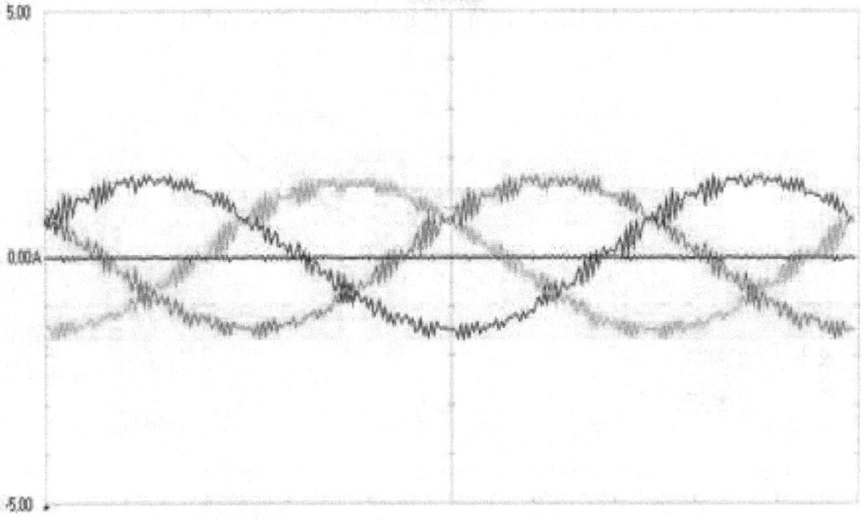

(b)

Şekil 3.17 Vektörel Kontrol için 2000 d/d referans hızda ve yüksüz durumda 3 faz Çıkış Akım Dalga Şekilleri a) EFF1 Motor İçin b) EFF2 Motor İçin

Şekil 3.14, Şekil 3.15 ve Şekil 3.16' da vektörel kontrol modundaki sürücüye referans hız olarak sırasıyla 3000 d/d, 3500 d/d ve 2000 d/d uygulanmıştır. Böylelikle nominal hızda, nominal üstü hızda ve düşük hızlarda sürücünün ve motorun verdiği tepkiler ölçülmüştür. EFF1 ve EFF2 verimli her iki motor ilk olarak yüksüz çalıştırılmış ve ardından tozlu fren ile kademeli olarak yüklenmiştir. Bu üç grafikteki yatay eksen motor yüklendikçe motorun çektiği gücü, dikey eksen ise motor yükünün artmasına bağlı olarak motorun çektiği akımın değişimini göstermektedir. Grafiklerden de görüldüğü gibi her iki motorda da yük değişimine bağlı olarak çekilen akım artmıştır. Fakat EFF1 verimli motorda çekilen akımın EFF2 verimli motora göre daha az olduğu görülmektedir.

Şekil 3.17 ve Şekil 3.18 grafikleri sürücü vektörel kontrol modunda çalışırken Fluke 434 Power Analyser ile alınmıştır.

Şekil 3.17(a)'da EFF1 verimli motorun Şekil 3.17(b)'de ise EFF2 verimli motorun 2000 d/d referans hızda ve yüksüz durumda çektiği akım dalga şekilleri görülmektedir. Grafiklerde EFF1 verimli motor ile EFF2 verimli motor arasında çok belirgin farklar görülmemektedir. Her iki grafikte de çekilen akımlarda dalgalanmaların olduğu görülmektedir.

Şekil 3.18(a)'da EFF1 verimli motorun Şekil 3.18 (b)'de ise EFF2 verimli motorun nominal referans hızda ve yüksüz durumda çektiği akım dalga şekilleri görülmektedir. Grafiklerde EFF1 verimli motor ile EFF2 verimli motor arasında çok belirgin farklar görülmemektedir. Her iki grafikte de çekilen akımlarda dalgalanmaların olduğu görülmektedir. Bu akım dalgalanmalarının sebebi ise sürücünün ürettiği gerilimin şeklinin tam sinüsoidal olmamasıdır.

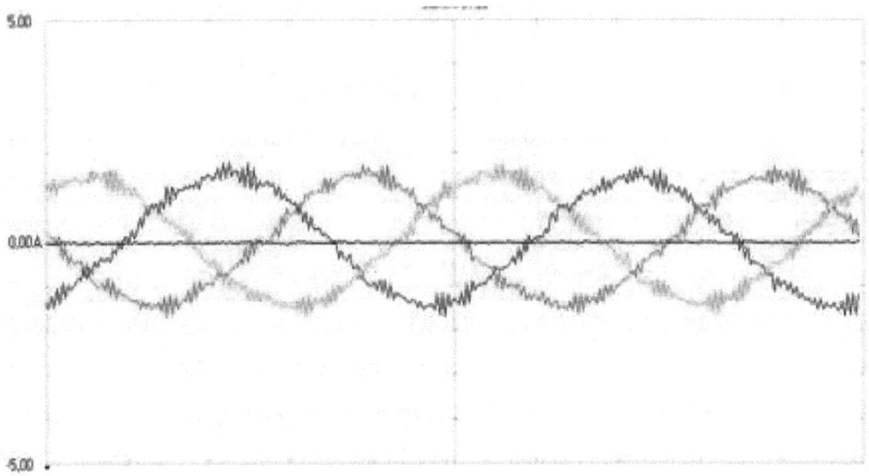

(a)

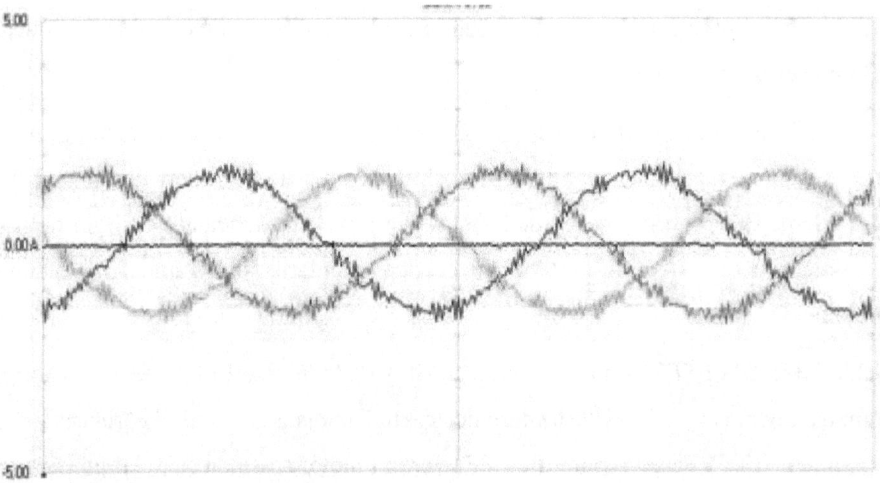

(b)

Şekil 3.18 Vektörel Kontrol için nominal referans hızda ve yüksüz durumda 3 faz Çıkış Akım Dalga Şekilleri a) EFF1 Motor İçin (2900 d/d) b) EFF2 Motor İçin (2800 d/d)

3.1.3. Direkt Tork Kontrol Deneyleri

Bu kontrol yöntemindeki çalışma prensibi vektörel kontrole benzemektedir ve yük değişimlerinde rotor hızının referans hızdan sapmamasını sağlamaktır.

Doğrudan moment kontrolü'nün performansı, motor devreye alma sırasında belirlenen doğru motor parametrelerine bağlıdır. İlk start komutu verildiğinde otomatik olarak bir Tanımlama Mıknatıslama'sı yapılır. İlk devreye alma sırasında motor sıfır hızda birkaç saniye süresince mıknatıslanır ve böylece motor modeli yaratılır. [22]

Aşağıda doğrudan moment kontrollü sürücü ile yapılan deneylerden elde edilen grafikler verilmiştir.

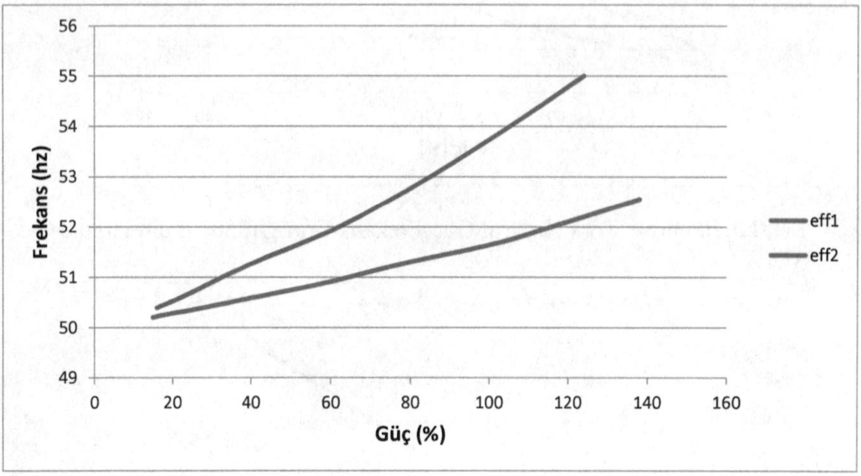

Şekil 3.19 Direkt Tork Kontrol Güç-Frekans Grafiği(3000 d/d referans)

Şekil 3.19, Şekil 3.20 ve Şekil 3.21' de direkt tork kontrol modundaki sürücüye referans hız olarak sırasıyla 3000 d/d, 3500 d/d ve 2000 d/d uygulanmıştır. Böylelikle nominal hızda, nominal üstü hızda ve düşük hızlarda sürücünün ve motorun verdiği tepkiler ölçülmüştür. EFF1 ve EFF2 verimli her iki motor ilk olarak yüksüz çalıştırılmış ve ardından tozlu fren ile kademeli olarak yüklenmiştir. Bu üç grafikteki yatay eksen motor yüklendikçe motorun çektiği gücü, dikey eksen ise motor yükünün artmasına bağlı olarak motor sargılarına uygulanan frekansın değişimini göstermektedir. Grafiklerden de görüldüğü gibi her iki motor da yüklendikçe hız düşüşü miktarına bağlı olarak frekans belli oranda artırılmıştır. Böylece değişken yüklere rağmen hızın sabit kalması sağlanmıştır. Her üç grafikte de EFF1 verimli motordaki frekans değişiminin EFF2 verimli motora göre daha az olduğu görülmektedir.

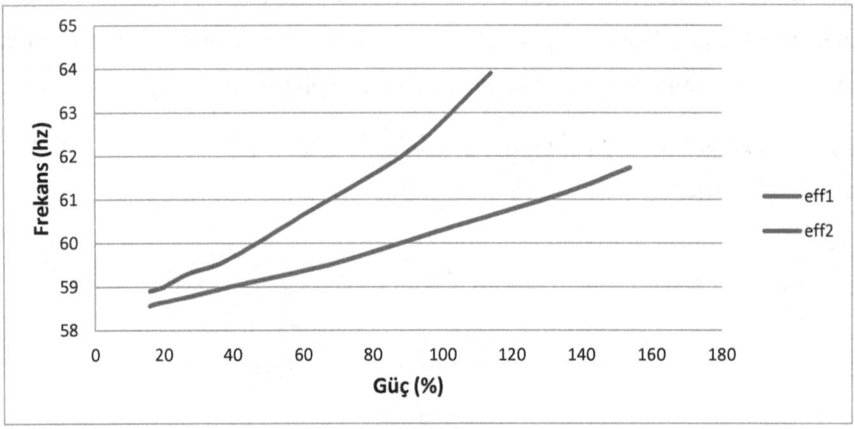

Şekil 3.20 Direkt Tork Kontrol Güç-Frekans Grafiği(3500 d/d referans)

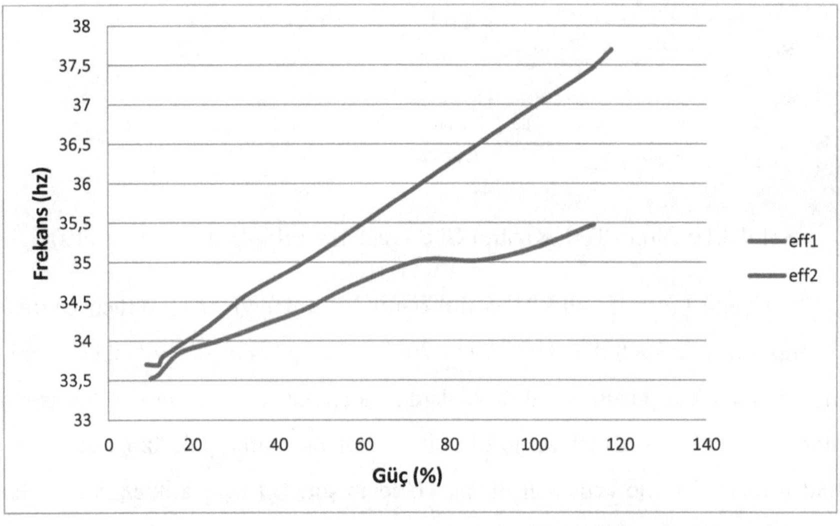

Şekil 3.21 Direkt Tork Kontrol Güç-Frekans Grafiği(2000 d/d referans)

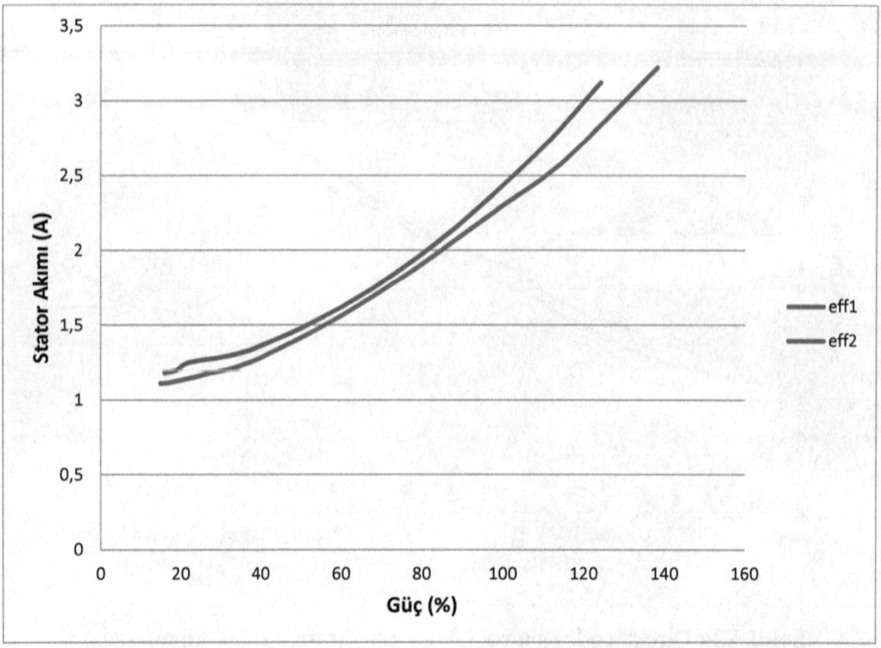

Şekil 3.22 Direkt Tork Kontrol Güç-Akım Grafiği(3000 d/d referans)

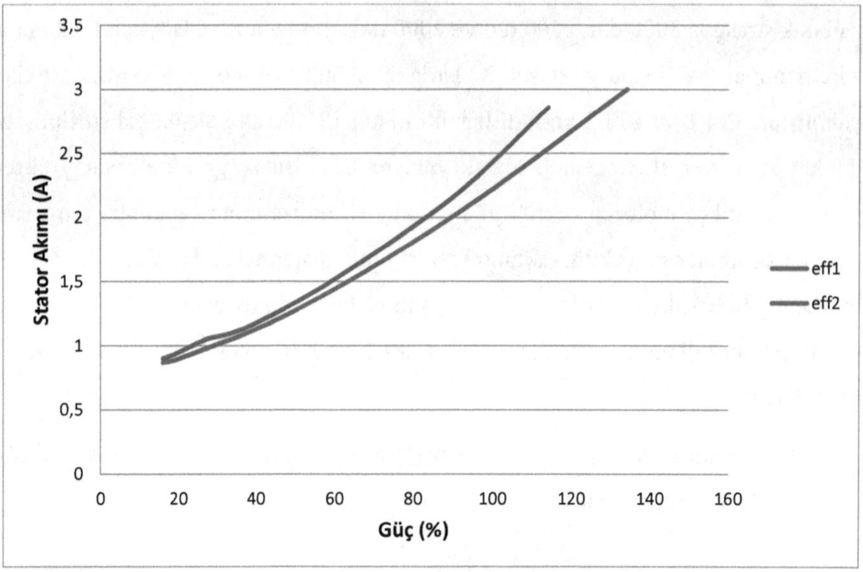

Şekil 3.23 Direkt Tork Kontrol Güç-Akım Grafiği(3500 d/d referans)

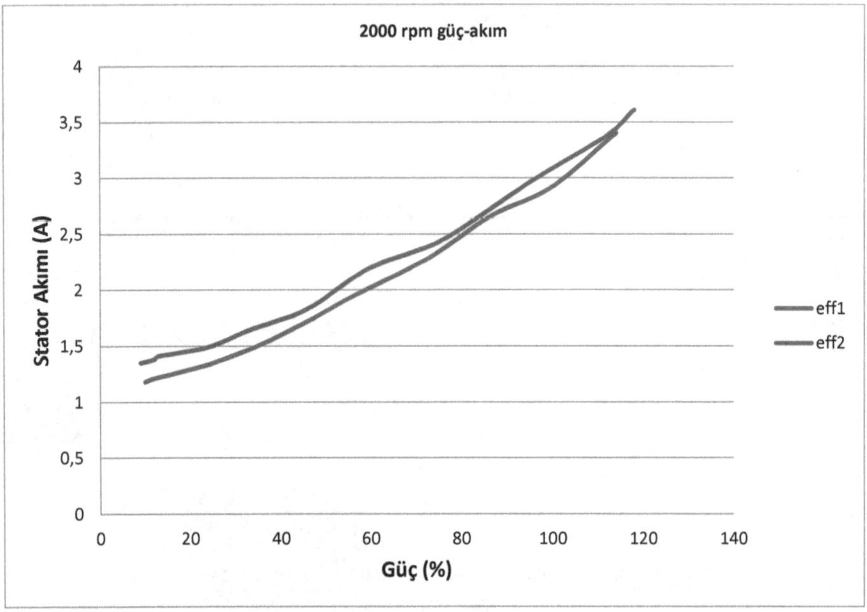

Şekil 3.24 Direkt Tork Kontrol Güç-Akım Grafiği(2000 d/d referans)

Şekil 3.22, Şekil 3.23 ve Şekil 3.24' de direkt tork kontrol modundaki sürücüye referans hız olarak sırasıyla 3000 d/d, 3500 d/d ve 2000 d/d uygulanmıştır. Böylelikle nominal hızda, nominal üstü hızda ve düşük hızlarda sürücünün ve motorun verdiği tepkiler ölçülmüştür. EFF1 ve EFF2 verimli her iki motor ilk olarak yüksüz çalıştırılmış ve ardından tozlu fren ile kademeli olarak yüklenmiştir. Bu üç grafikteki yatay eksen motor yüklendikçe motorun çektiği gücü, dikey eksen ise motor yükünün artmasına bağlı olarak motorun çektiği akımın değişimini göstermektedir. Grafiklerden de görüldüğü gibi her iki motorda da yük değişimine bağlı olarak çekilen akım artmıştır. Fakat EFF1 verimli motorda çekilen akımın EFF2 verimli motora göre daha az olduğu görülmektedir.

Şekil 3.25 ve Şekil 3.26 grafikleri sürücü direkt tork kontrol modunda çalışırken Fluke 434 Power Analyser ile alınmıştır.

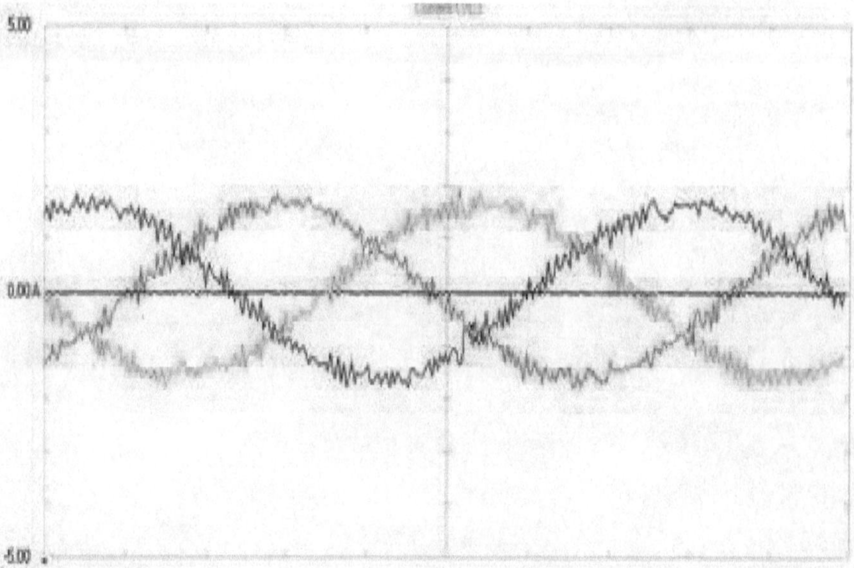

(a)

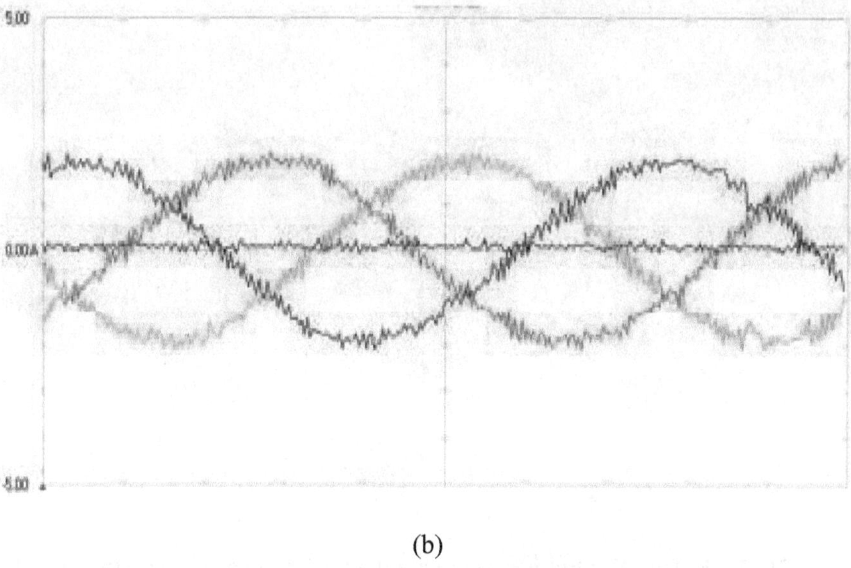

(b)

Şekil 3.25 Direkt Tork Kontrol için 2000 d/d referans hızda ve yüksüz durumda 3 faz Çıkış Akım Dalga Şekilleri a)EFF1 Motor İçin b) EFF2 Motor İçin

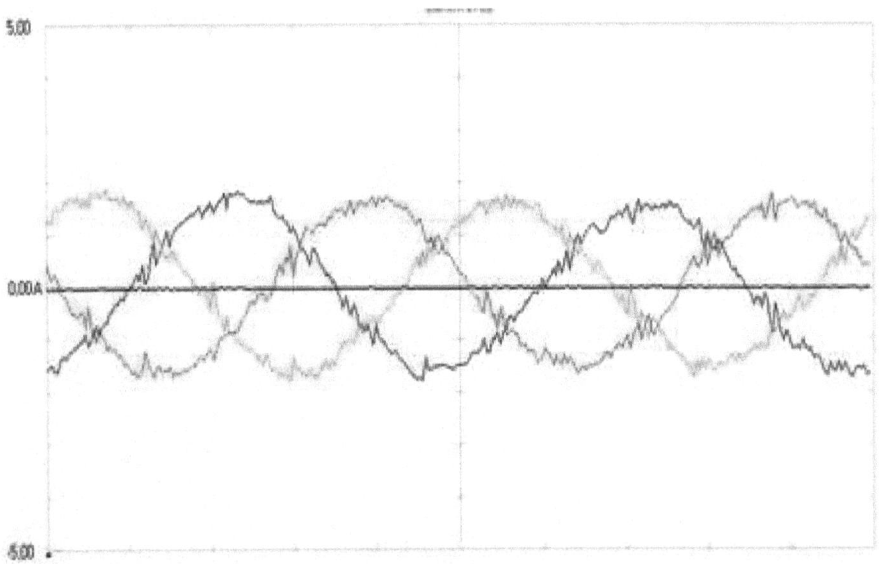

(a)

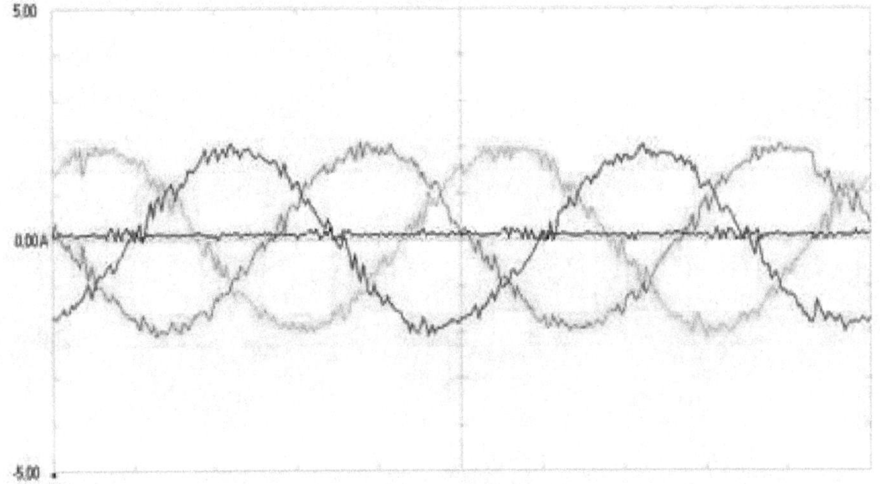

(b)

Şekil 3.26 Direkt Tork Kontrol için nominal referans hızda ve yüksüz durumda 3 faz Çıkış Akım Dalga Şekilleri a)EFF1 Motor İçin(2900 d/d) b) EFF2 Motor İçin (2800 d/d)

Şekil 3.25 (a)'da EFF1 verimli motorun Şekil 3.25 (b)'de ise EFF2 verimli motorun 2000 d/d referans hızda ve yüksüz durumda çektiği akım dalga şekilleri görülmektedir. Grafiklerde EFF1 verimli motorun EFF2 verimli motora göre daha az akım çektiği görülmektedir. Her iki grafikte de çekilen akımlarda dalgalanmaların olduğu görülmektedir. Bu akım dalgalanmalarının sebebi ise sürücünün ürettiği gerilimin şeklinin tam sinüsoidal olmamasıdır.

Şekil 3.26 (a)'da EFF1 verimli motorun Şekil 3.26 (b)'de ise EFF2 verimli motorun nominal referans hızda ve yüksüz durumda çektiği akım dalga şekilleri görülmektedir. Grafiklerde EFF1 verimli motorun EFF2 verimli motora göre daha az akım çektiği görülmektedir. Her iki grafikte de çekilen akımlarda dalgalanmaların olduğu görülmektedir. Bu akım dalgalanmalarının sebebi ise sürücünün ürettiği gerilimin şeklinin tam sinüsoidal olmamasıdır.

3.2. Simülasyon Çalışmaları

Bu kısımda MATLAB/Simulink ortamında gerçekleştirilen çalışmalar açıklanmıştır. MATLAB/Simulink blokları ile yapılan simülasyon çalışmalarında asenkron motor sırasıyla skalar, vektörel ve doğrudan moment kontrol yöntemleri ile sürülmüştür.

Tablo 3.1 Yüksek Verimli Motor Bilgileri (Effl Verim Sınıflı)

MOTOR ETİKET DEĞERLERİ							
	Gerilim	Frekans	Akım	Güç	cos ϕ	devir	J (kgm^2)
üçgen	220/240V	50Hz	4,04/4,01 A	1,1 kW	0,82	2900d/d	0,00066
yıldız	380/415V	50Hz	2,34/2,32 A	1,1 kW	0,82	2900d/d	0,00066

EŞDEĞER DEVRE PARAMETRELERİ				
R_1	R_2	L_1	L_2	L_m
10,5 Ω	0,2294 Ω	33.7 mH	33.7 mH	0.627 H

Tablo 3.2 Standart Motor Bilgileri (Eff2 Verim Sınıflı)

MOTOR ETİKET DEĞERLERİ							
	Gerilim	Frekans	Akım	Güç	cos ϕ	devir	J (kgm^2)
üçgen	220V	50Hz	4,4 A	1,1kW	0,83	2800d/d	0,00066
yıldız	380V	50Hz	4,4 A	1,1kW	0,83	2800d/d	0,00066

EŞDEĞER DEVRE PARAMETRELERİ				
R_1	R_2	L_1	L_2	L_m
13,4 Ω	0.4834 Ω	40.3 mH	40.3 mH	0.51 H

Bu simülasyonların gerçekleştirilmesinde deneysel çalışmada kullandığımız her iki verim sınıfına ait Gamak marka motorun etiket bilgileri ve eşdeğer devre parametrelerinden yararlanılmıştır.Tablo 3.1 ve Tablo 3.2' de motorların etiket bilgileri ve eşdeğer devre parametreleri verilmiştir. Bu simülasyon çalışmaları ile deneysel çalışmalara ek olarak asenkron motorların geçici durum rejimlerindeki tepkileri belirlenmiştir.

3.2.1. Skalar Kontrol Simülasyonları

Skalar kontrol simülasyonları için Şekil 3.27' deki blok şema kullanılmıştır. Tablo 3.1 ve Tablo 3.2' deki motorların etiket bilgileri ve eşdeğer devre parametreleri girilerek uygun ayarlar yapıldıktan sonra stator akımı ve rotor hızı ekranlarından grafikler elde edilmiştir.

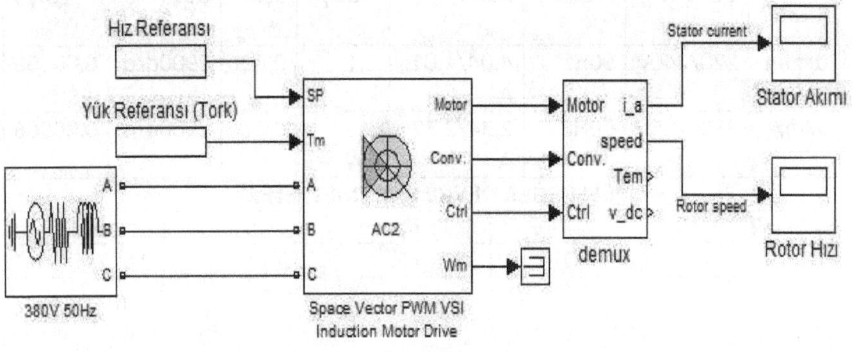

Şekil 3.27 Skalar Kontrol Blok Şeması

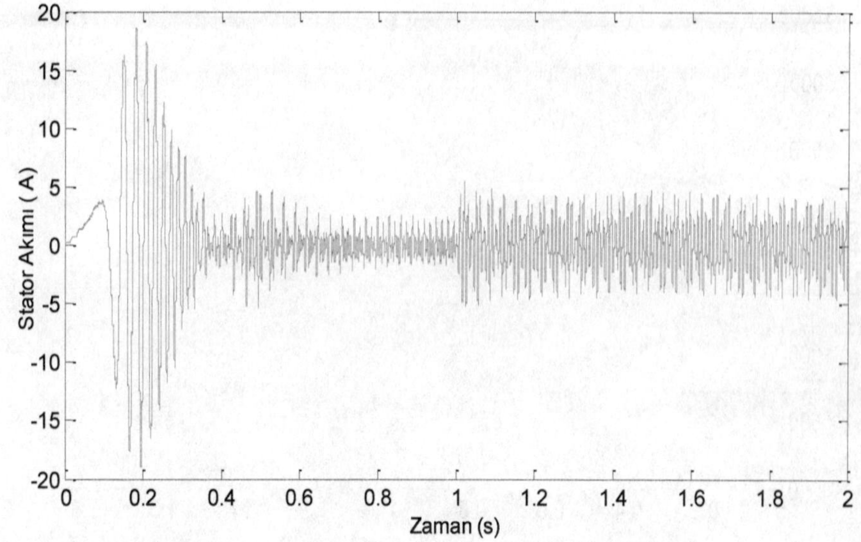

(a)

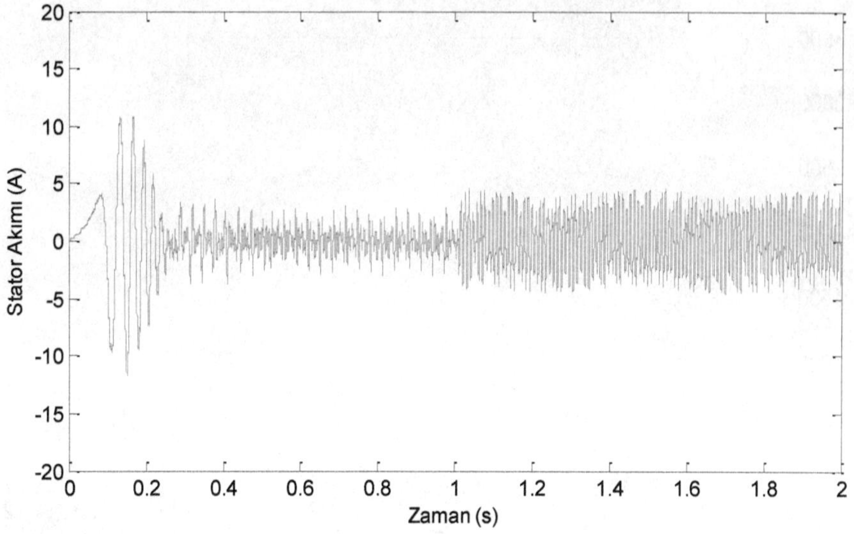

(b)

Şekil 3.28 Skalar Kontrol için Boşta ve 3.7 Nm yükte Stator Akımı a) EFF1 Motor İçin b) EFF2 Motor İçin

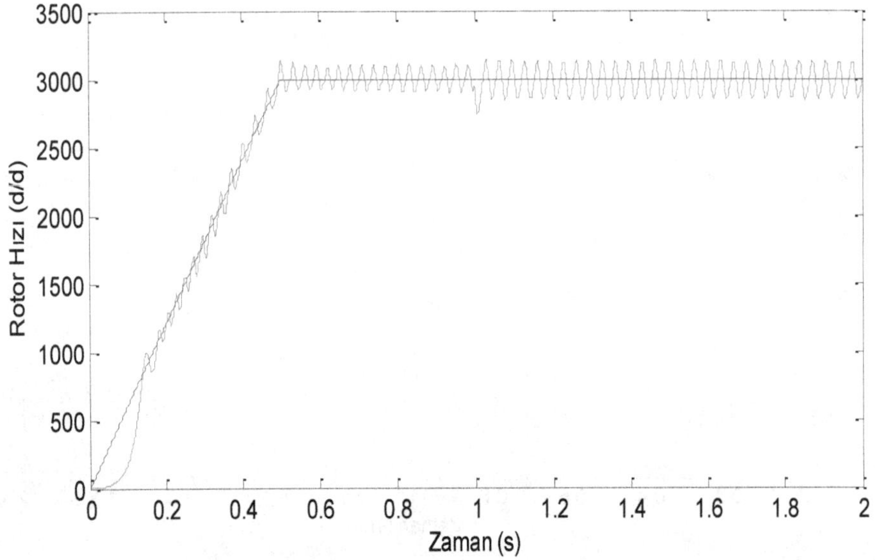

(a)

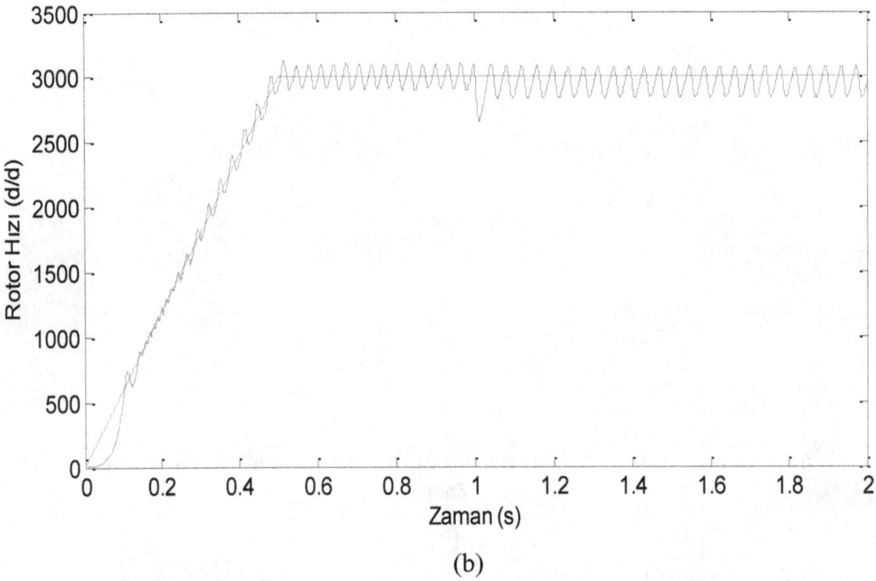

(b)

Şekil 3.29 Skalar Kontrol için Boşta ve 3.7 Nm yükte Rotor Hızı Değişimi a) EFF1 Motor İçin b) EFF2 Motor İçin

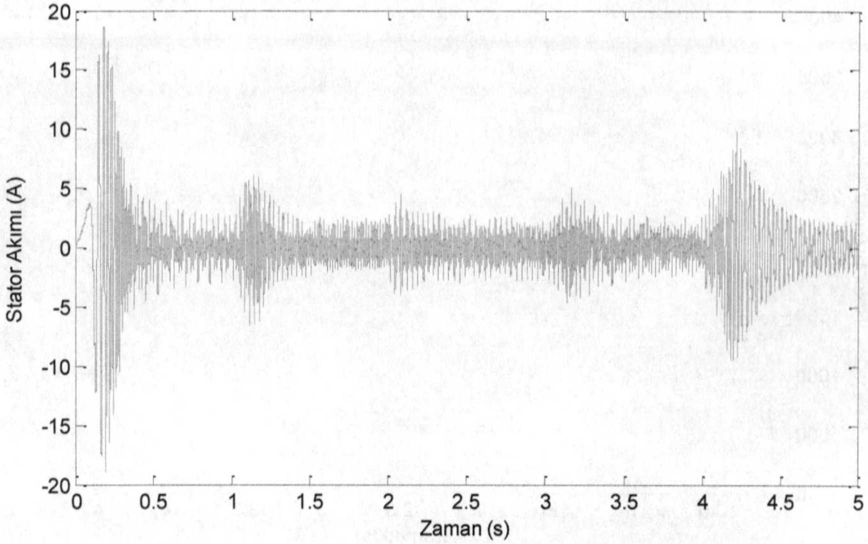

(a)

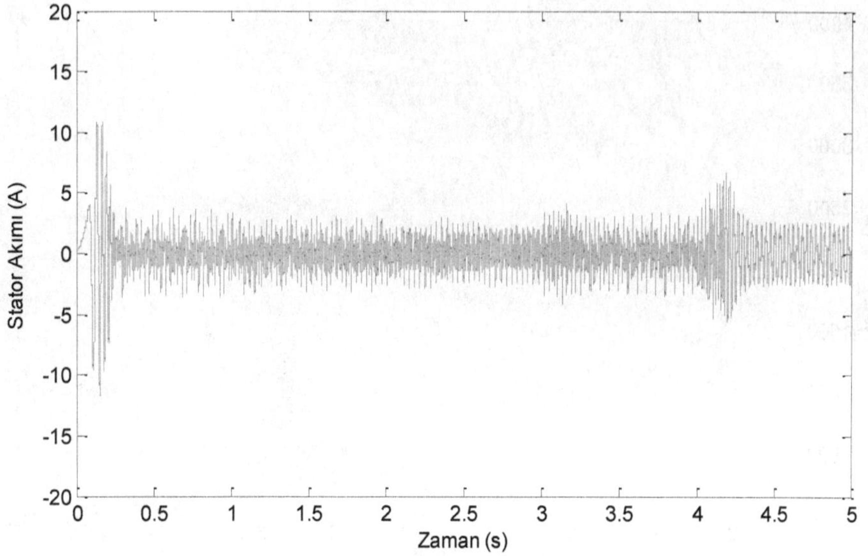

(b)

Şekil 3.30 Skalar Kontrol için karışık hız referanslarında Stator Akımı değişimleri a)EFF1 Motor İçin b) EFF2 Motor İçin

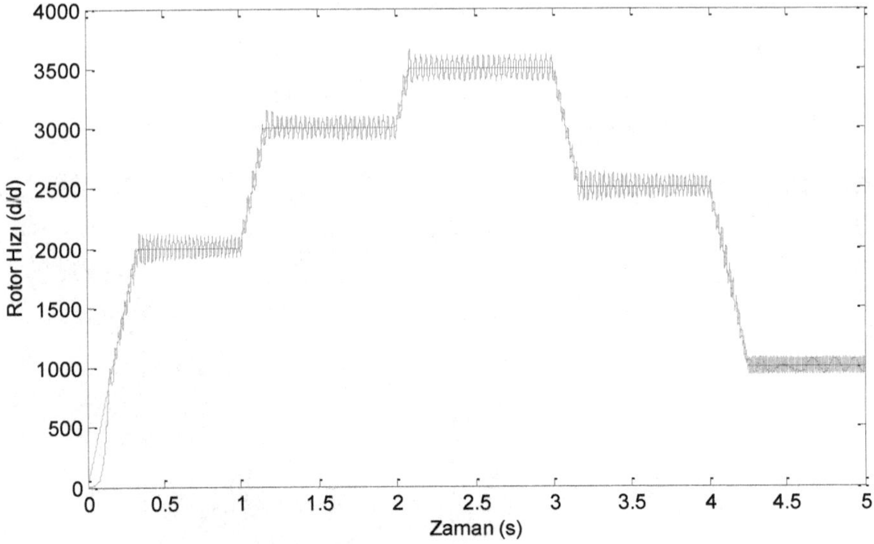

(a)

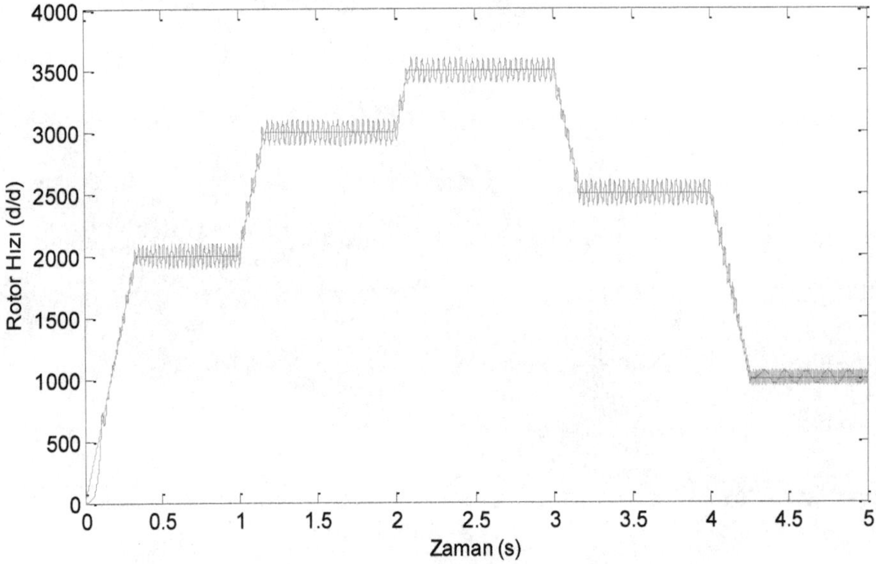

(b)

Şekil 3.31 Skalar Kontrol için karışık hız referanslarında Rotor Hızı değişimleri a)EFF1 Motor İçin b) EFF2 Motor İçin

Şekil 3.28 ve Şekil 3.29' da asenkron motorun yüklenme sırasında verdiği tepkiyi ölçmek amacıyla, motor hız referansı olarak 3000 d/d olmak üzere 0-1 sn aralığında yüksüz (yani 0 Nm) ve 1-2 sn aralığında ise motor anma momenti olan 3.7 Nm yük referansı girilmiştir. Şekil 3.28' de EFF1 verimli motorun ilk kalkınma anında çektiği akım EFF2 verimli motora göre daha fazla olduğu görülmektedir. Şekil 3.29 ' da EFF1 verimli motorun 1. sn' de 3.7 Nm'lik yükün uygulanması ile rotor hızının referans hıza göre düşüşü EFF2 verimli motora göre daha azdır.

Şekil 3.30 ve Şekil 3.31' de asenkron motorun değişken hız referanslarına karşı verilen tepkilerin izlenmesi amacıyla, motorlar başlangıçtan itibaren yüksüz durumda olmak üzere 0-1 sn arası 2000 d/d, 1-2 sn arası 3000 d/d, 2-3 sn arası 3500 d/d, 3-4 sn arası 2500 d/d ve 4-5 sn arasında 1000 d/d hız referansları uygulanmıştır. Şekil 3.30' da EFF1 verimli motorun yüksüz durumda ani değişimlerde ilk kalkınma anında çektiği akımın EFF2 verimli motora göre daha fazla olduğu görülmektedir. Şekil 3.31' de EFF1 ve EFF2 verimli motorun değişken hız referanslarına gösterdiği tepkiler görülmektedir.

3.2.2. Vektörel Kontrol Simülasyonları

Vektörel kontrol simülasyonları için Şekil 3.32' deki blok şema kullanılmıştır. Tablo 3.1 ve Tablo 3.2'deki asenkron motorların etiket bilgileri ve eşdeğer devre parametreleri girilerek uygun ayarlar yapıldıktan sonra stator akımı ve rotor hızı ekranlarından aşağıdaki ilgili grafikler elde edilmiştir.

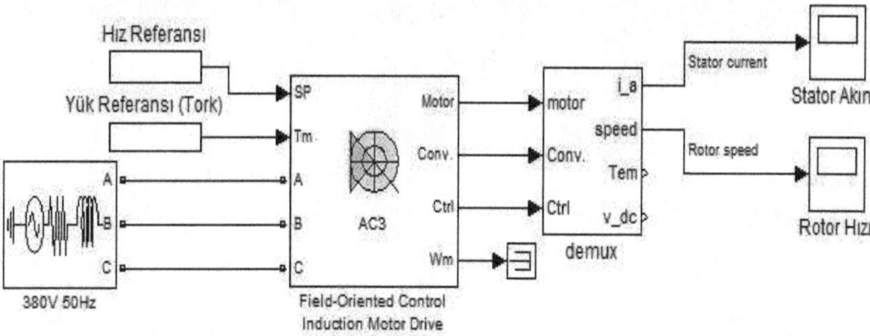

Şekil 3.32 Vektör Kontrol Blok Şeması

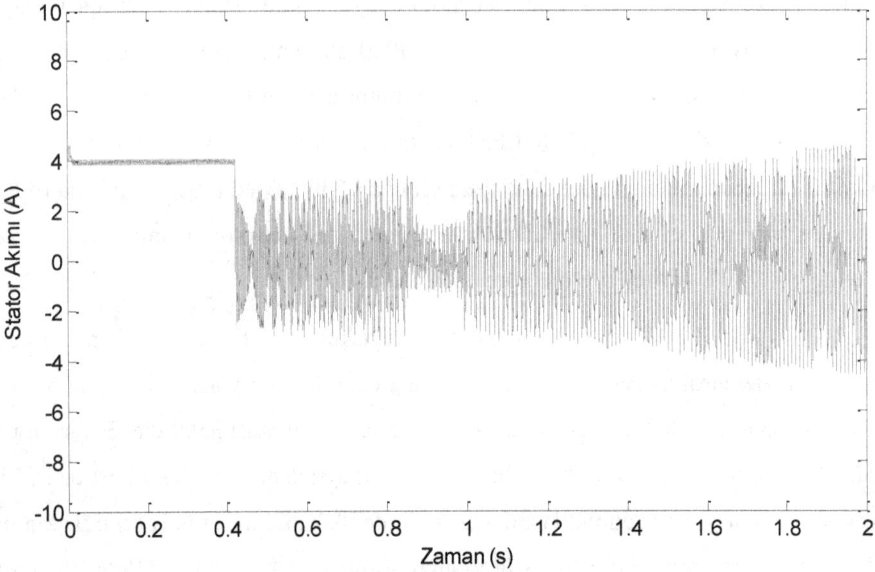

(a)

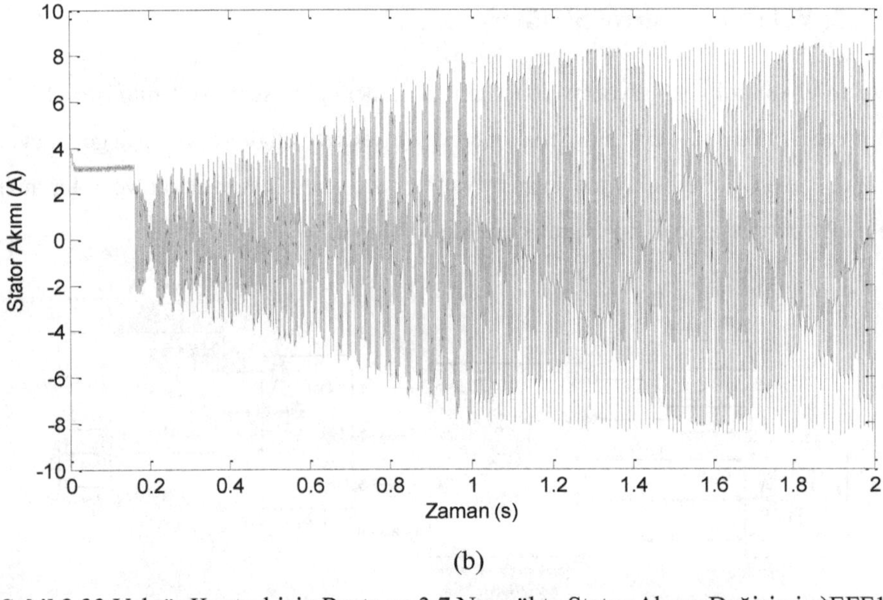

(b)

Şekil 3.33 Vektör Kontrol için Boşta ve 3.7 Nm yükte Stator Akımı Değişimi a)EFF1 Motor İçin b) EFF2 Motor İçin

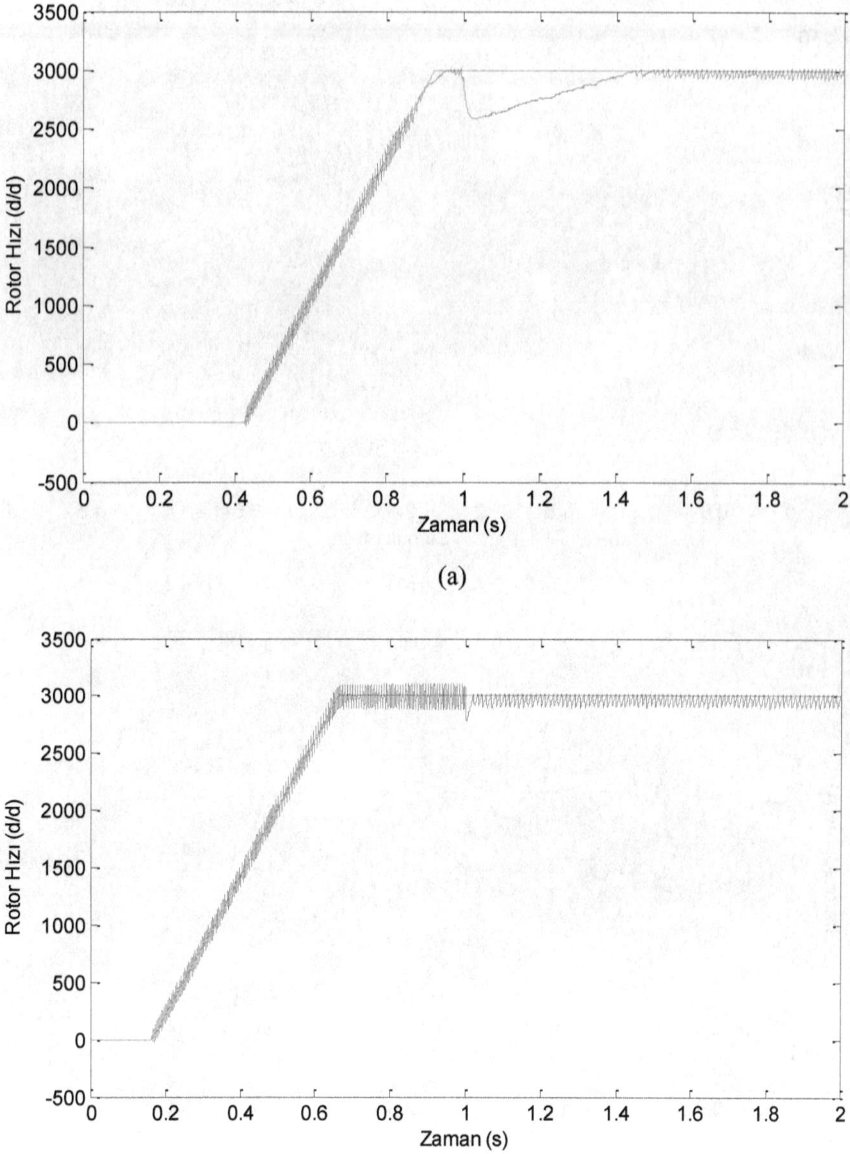

(b)

Şekil 3.34 Vektör Kontrol için Boşta ve 3.7 Nm yükte Rotor Hızı Değişimi a) EFF1 Motor İçin b) EFF2 Motor İçin

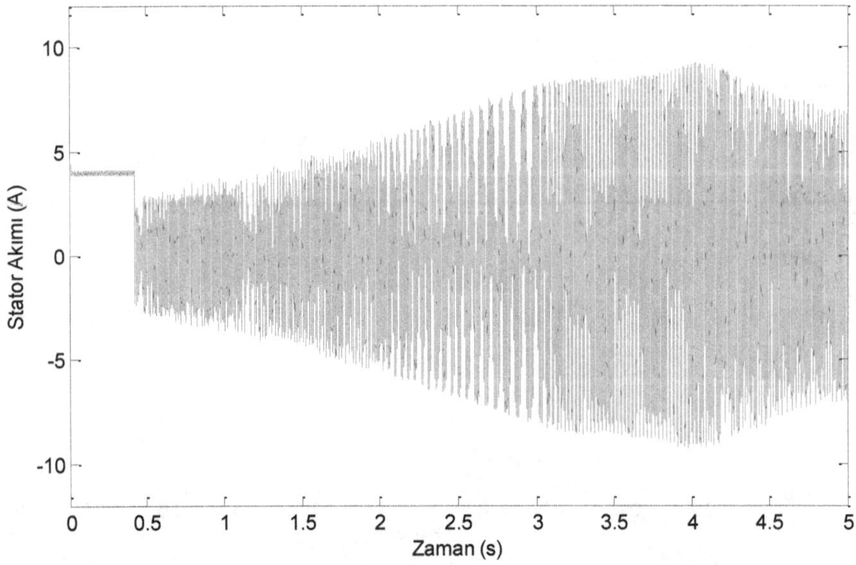

(a)

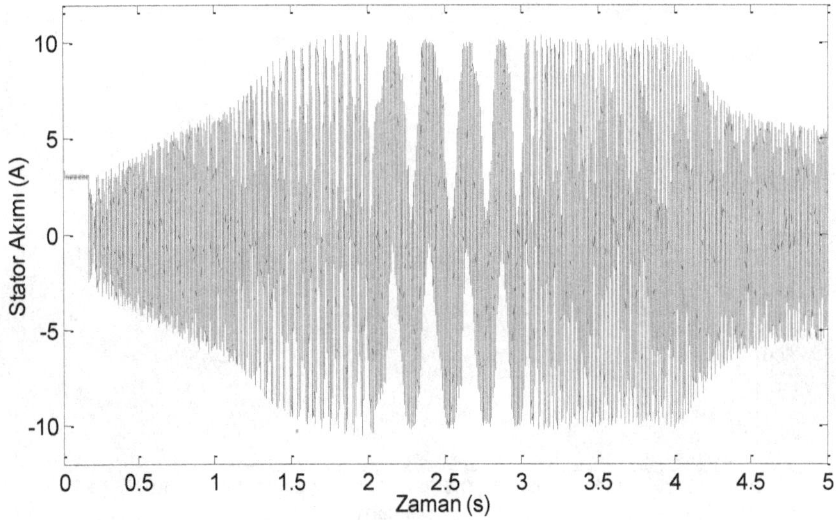

(b)

Şekil 3.35 Vektör Kontrol için karışık hız referanslarında Stator Akımı değişimleri a)EFF1 Motor İçin b) EFF2 Motor İçin

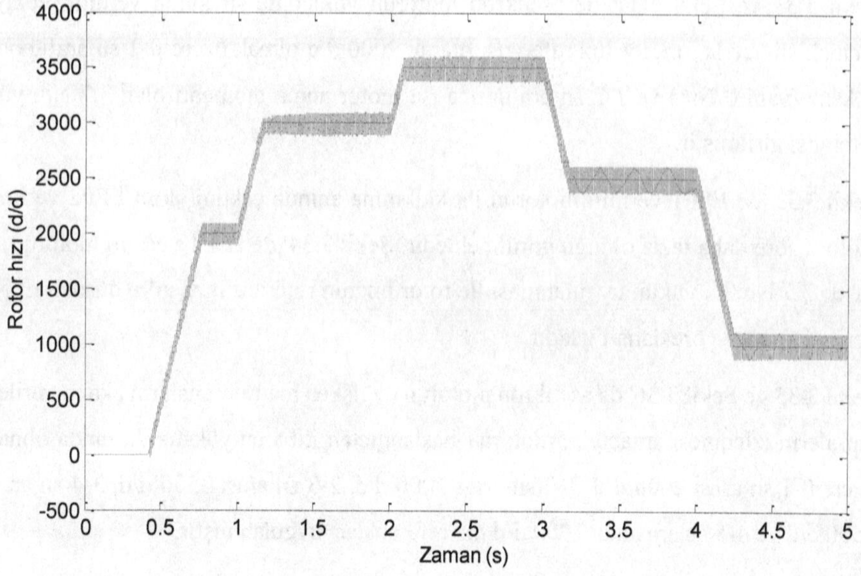

(a)

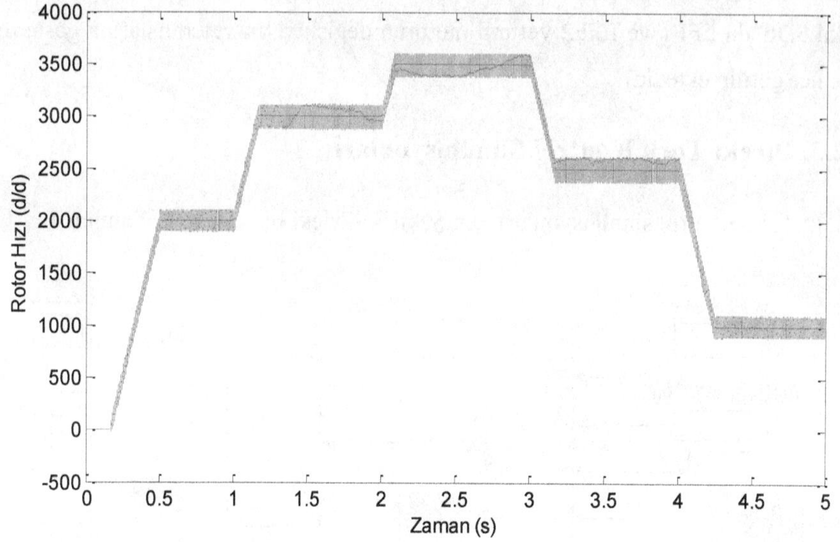

(b)

Şekil 3.36 Vektör Kontrol için karışık hız referanslarında Rotor Hızı değişimleri

a)EFF1 Motor İçin b) EFF2 Motor İçin

Şekil 3.33 ve Şekil 3.34' de asenkron motorun yüklenme sırasında verdiği tepkiyi ölçmek amacıyla, motor hız referansı olarak 3000 d/d olmak üzere 0-1 sn aralığında yüksüz (yani 0 Nm) ve 1-2 sn aralığında ise motor anma momenti olan 3.7 Nm yük referansı girilmiştir.

Şekil 3.33' de EFF1 verimli motorun ilk kalkınma anında çektiği akım EFF2 verimli motora göre daha fazla olduğu görülmektedir. Şekil 3.34' de EFF1 verimli motorun 1. sn' de 3.7 Nm'lik yükün uygulanması ile rotor hızının referans hıza göre düşüşü EFF2 verimli motora göre daha fazladır.

Şekil 3.35 ve Şekil 3.36' da asenkron motorun değişken hız referanslarına karşı verilen tepkilerin izlenmesi amacıyla, motorlar başlangıçtan itibaren yüksüz durumda olmak üzere 0-1 sn arası 2000 d/d, 1-2 sn arası 3000 d/d, 2-3 sn arası 3500 d/d, 3-4 sn arası 2500 d/d ve 4-5 sn arasında 1000 d/d hız referansları uygulanmıştır.

Şekil 3.35' de EFF1 verimli motorun yüksüz durumda ani değişimlerde ilk kalkınma anında çektiği akımın EFF2 verimli motora göre daha fazla olduğu görülmektedir. Şekil 3.36' da EFF1 ve EFF2 verimli motorun değişken hız referanslarına gösterdiği tepkiler görülmektedir.

3.2.3. Direkt Tork Kontrol Simülasyonları

Direkt Tork Kontrol simülasyonları için Şekil 3.37'deki blok şema kullanılmıştır.

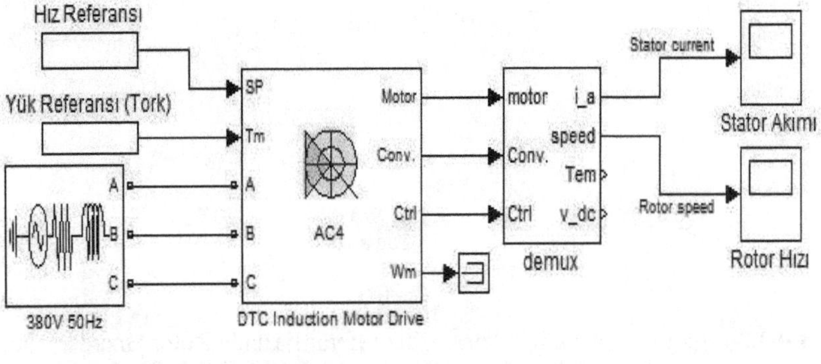

Şekil 3.37 DTC Blok Şeması

Tablo 3.1 ve Tablo 3.2' deki motorların etiket bilgileri ve eşdeğer devre parametreleri girilerek uygun ayarlar yapıldıktan sonra stator akımı ve rotor hızı ekranlarından aşağıdaki ilgili grafikler elde edilmiştir.

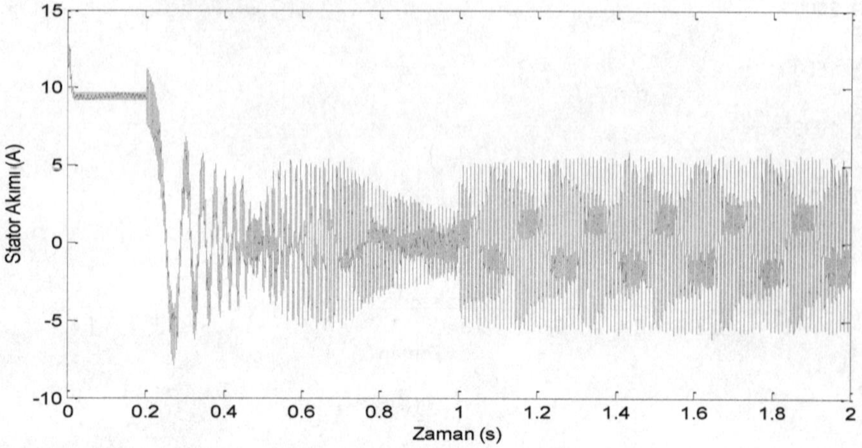

(a)

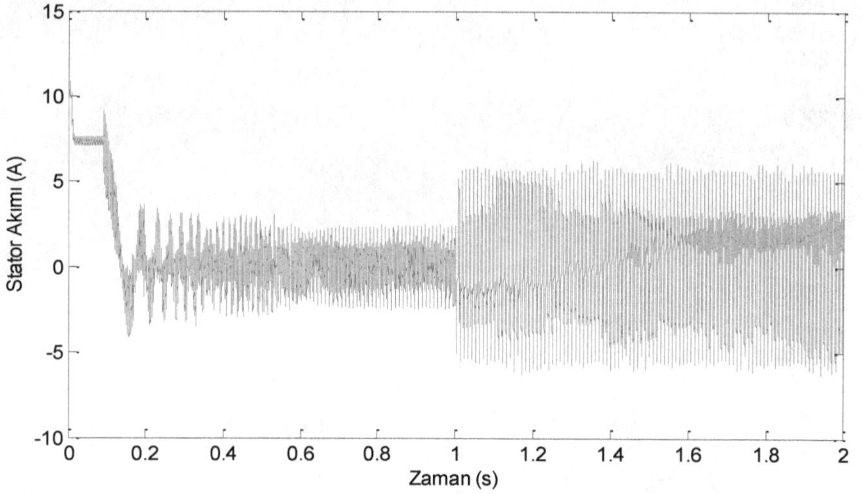

(b)

Şekil 3.38 DTC için Boşta ve 3.7 Nm yükte Stator Akımı Değişimi a)EFF1 Motor İçin b) EFF2 Motor İçin

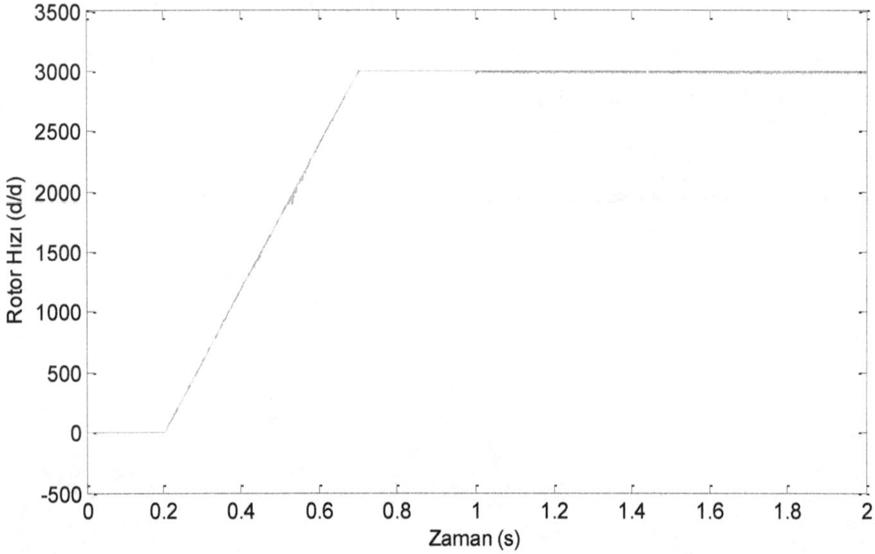

(a)

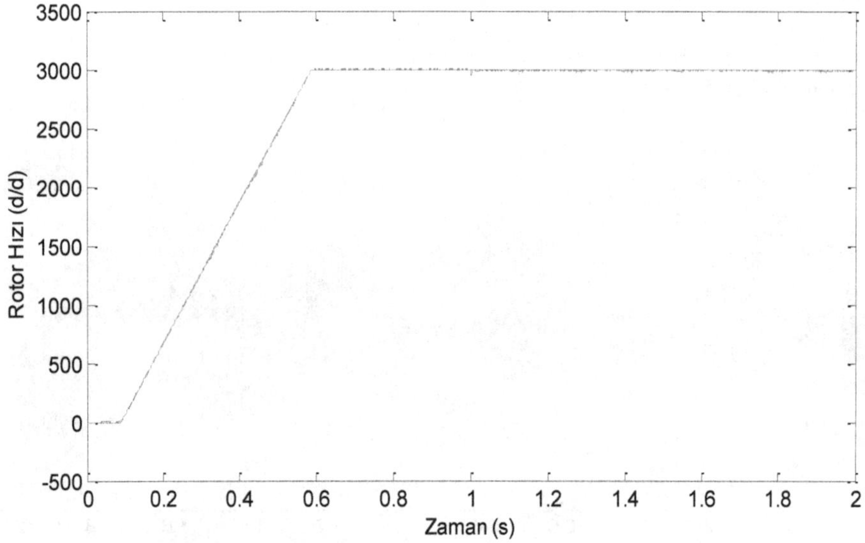

(b)

Şekil 3.39 DTC Boşta ve 3.7 Nm yükte Rotor Hızı Değişimi a)EFF1 Motor İçin b) EFF2 Motor İçin

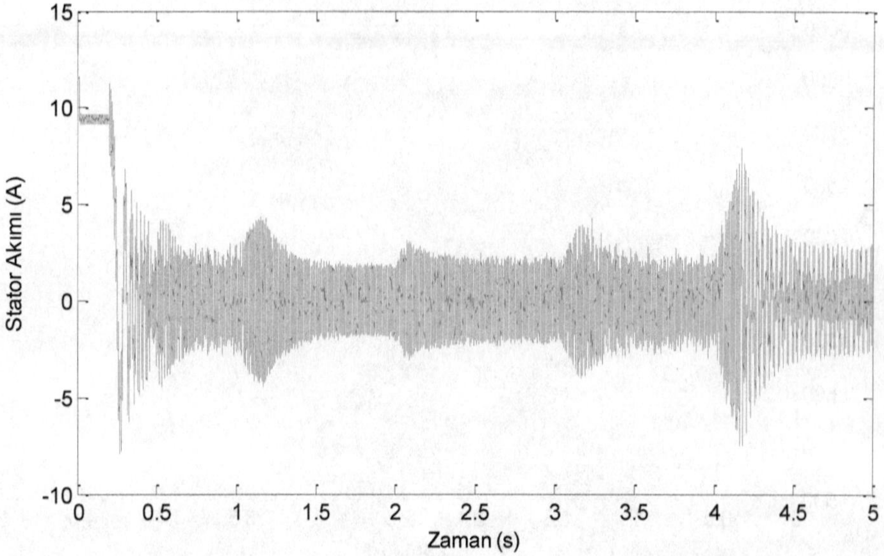

(a)

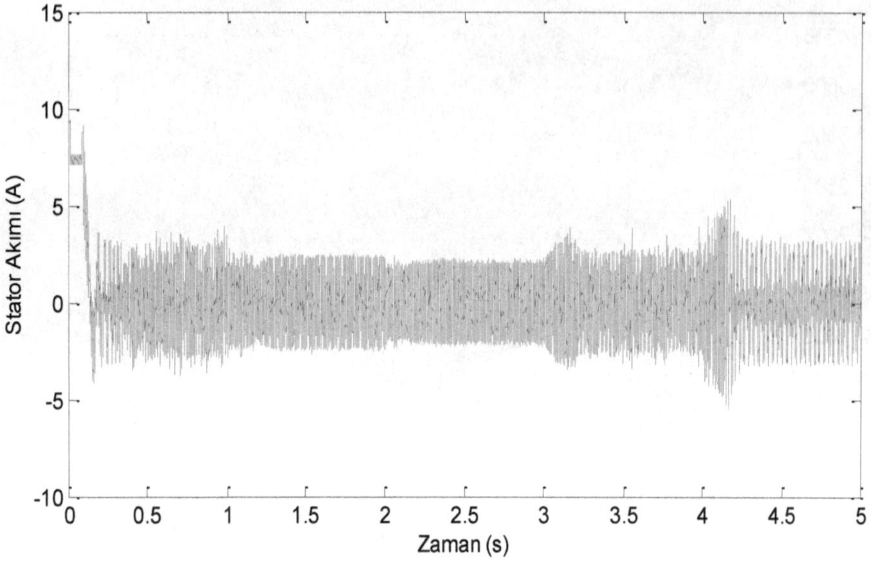

(b)

Şekil 3.40 DTC için karışık hız referanslarında Stator Akımı Değişimi a)EFF1 Motor İçin b) EFF2 Motor İçin

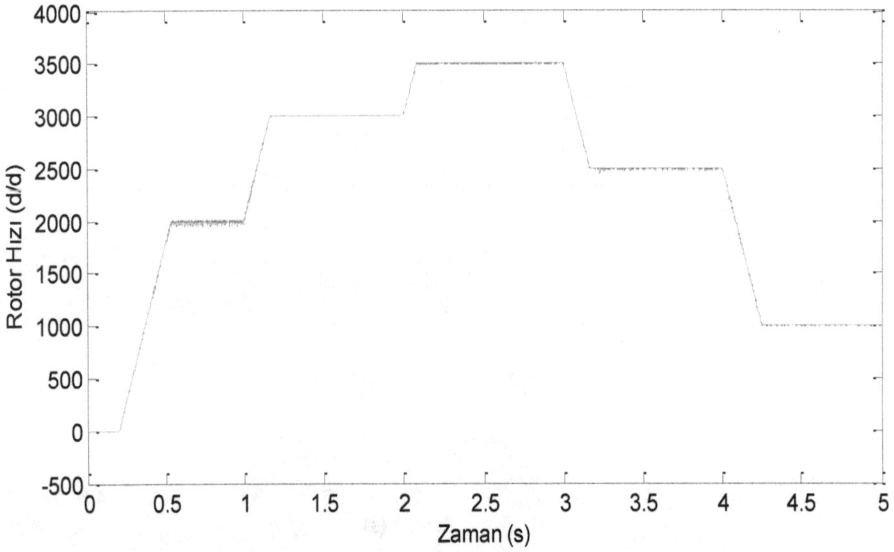

(a)

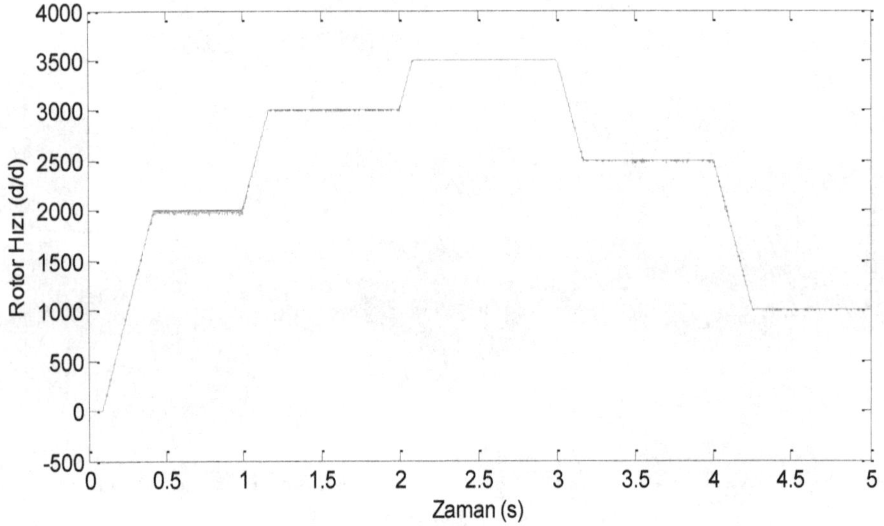

(b)

Şekil 3.41 DTC için karışık hız referanslarında Rotor Hızı Değişimi a) EFF1 Motor İçin b) EFF2 Motor İçin

Şekil 3.38 ve Şekil 3.39'da asenkron motorun yüklenme sırasında verdiği tepkiyi ölçmek amacıyla, motor hız referansı olarak 3000 d/d olmak üzere 0-1 sn aralığında yüksüz (yani 0 Nm) ve 1-2 sn aralığında ise motor anma momenti olan 3.7 Nm yük referansı girilmiştir. Şekil 3.38' de EFF1 verimli motorun ilk kalkınma anında çektiği akım EFF2 verimli motora göre daha fazla olduğu görülmektedir. Şekil 3.39' da EFF1 verimli motorun 1. sn' de 3.7 Nm'lik yükün uygulanması ile rotor hızının referans hıza göre düşüşü EFF2 verimli motora göre daha azdır.

Şekil 3.40 ve Şekil 3.41' de asenkron motorun değişken hız referanslarına karşı verilen tepkilerin izlenmesi amacıyla, motorlar başlangıçtan itibaren yüksüz durumda olmak üzere 0-1 sn arası 2000 d/d, 1-2 sn arası 3000 d/d, 2-3 sn arası 3500 d/d, 3-4 sn arası 2500 d/d ve 4-5 sn arasında 1000 d/d hız referansları uygulanmıştır. Şekil 3.40' da EFF1 verimli motorun yüksüz durumda ani değişimlerde ilk kalkınma anında çektiği akımın EFF2 verimli motora göre daha az olduğu görülmektedir. Şekil 3.41' de EFF1 ve EFF2 verimli motorun değişken hız referanslarına gösterdiği tepkiler görülmektedir. Dtc' de hız referansının takibi diğer iki kontrol yöntemine göre daha iyi olduğu görülmektedir. Tüm simülasyonlarda görüldüğü gibi eff1 verimli motorun başlangıç akımının eff2 verimli motora göre daha yüksek olduğu görülmektedir. Bu da yüksek verimli motorunn yol alma momentinin daha yüksek olacağını göstermektedir. Ayrıca yüksek verimli motorun kararlı duruma geçtikten sonra çektiği akımın daha düşük olduğu görülmektedir. Bunun anlamı sürekli çalışmada daha az enerji harcanacağıdır.

4. SONUÇLAR

Endüstride yaygın olarak kullanılan asenkron motorlardaki kayıpların minimuma indirilmesi ile elde edilen yüksek verimli asenkron motorlar, yalnızca ısı kayıplarını engellemekle kalmaz, aynı zamanda diğer tüm kayıpları da minimuma indirger. Diğer büyük bir avantaj ise değişken hız sürücüsü (DHS) ile kullanımında gelişmiş kontrol karakteristiğine sahip olmalarıdır. Bu nedenle sanayide yapılacak elektrik enerjisinde enerji verimliliği çalışmalarına elektrik motorları ve motorların kontrol yöntemlerinden başlamanın hızlı ve etkin sonuçlar verebileceği düşünülmektedir. Elektrik motorları değişken hız sürücüleri ile kullanarak hızlarının kontrol edilmesi yoluyla, enerji tüketimi açısından daha verimli hale getirilebilir.

Gerçekleştirilen bu çalışmada, günümüzde asenkron motor sürücülerinde en çok kullanılan skalar, vektörel ve doğrudan moment kontrol yöntemi; aynı karakteristiklere sahip(güç, gerilim, devir sayısı) yüksek verimli ve standart asenkron motor üzerine uygulanarak; yüksek verimli ve standart asenkron motor karşılaştırılmıştır.

Yapılan deneyler ile elde edilen grafiklerde her üç kontrol yöntemi için yüksek verimli asenkron motorun standart asenkron motora göre çektiği akımın daha az olduğu görülmektedir. Bu da yüksek verimli asenkron motorun standart asenkron motora göre şebekeden daha az enerji çekeceği anlamına gelir. Bu durum dünyadaki enerji sorunu düşünüldüğünde hem işletmeci hem de enerji üretici tarafından kar edileceğini göstermektedir. Ayrıca grafiklerden görülmektedir ki yüksek verimli asenkron motorun yük durumuna bağlı olarak rotor hızının düşüşü standart asenkron motora göre daha azdır. Bunun sebebi yüksek verimli motordaki sürtünme ve stator sargısı kayıpların daha az olmasıdır. Bu durum yüksek verimli asenkron motorun hız kontrol performansının daha iyi olduğu anlamına gelir. Ayrıca Power Analizör ile elde edilen grafiklerde, çekilen akımlarda dalgalanmaların olduğu görülmektedir. Bu akım dalgalanmalarının sebebi ise sürücünün ürettiği gerilimin şeklinin tam sinüsoidal olmamasıdır.

Yapılan simülasyon çalışmasında ise eff1 verimli motorun başlangıç akımının eff2 verimli motora göre daha yüksek olduğu görülmektedir. Bu da yüksek verimli motorunn yol alma momentinin daha yüksek olacağını göstermektedir. Ayrıca yüksek verimli motorun kararlı duruma geçtikten sonra çektiği akımın daha düşük olduğu görülmektedir. Bunun anlamı sürekli çalışmada daha az enerji harcanacağıdır.

Genel olarak yapılan bu çalışma ile yüksek verimli asenkron motorun standart motora göre hem enerji tasarrufu açısından hem de hız kontrol karakteristiği açısından daha avantajlı olduğu görülmektedir. Ayrıca bu üç kontrol yönteminden hangisinin seçileceği tamamıyla uygulamadaki ihtiyaca ve istenen kontrol hassasiyetine bağlıdır. Skaler kontrol yöntemleri düşük hızların dışında, hızın yavaş değiştiği uygulamalar için elverişlidir. Fakat hassas hız ve moment ayarının gerektiği uygulamalarda kullanılması mümkün değildir. Yüksek performans istenen uygulamalarda vektörel ya da DTC yöntemi kullanmak gerekmektedir. Fakat vektörel kontrol ve DTC yöntemli sürücülerin maliyetinin yüksek ve denetim algoritmasının karmaşık olması gibi dezanavtajları vardır.

KAYNAKLAR

[1] Öztürk, N. (2006) Yumuşak Anahtarlamalı Asenkron Motorun Dolaylı Vektör Denetiminin Gerçekleştirilmesi. Doktora Tezi, Gazi Üniversitesi Fen Bilimleri Enstitüsü, Ankara, Türkiye, 9-28.

[2] Çetin, İ. ; Schuısky, W. (1987) Elektrik Motörleri. Fatih Yayınevi, İstanbul, Türkiye, 148-222.

[3] Noğay, H. S. (2008) Üç Fazlı Kafesli Asenkron Motorlarda Toplam Harmonik Distorsiyonunun Yapay Sinir Ağları Yöntemi Kullanılarak Saptanması. Doktora Tezi, Marmara Üniversitesi Fen Bilimleri Enstitüsü, İstanbul, Türkiye, 48-63.

[4] Tekin, C. (2008) Yüksek Verimli AsenkronMotorların Analizi. Yüksek Lisans Tezi, Marmara Üniversitesi Fen Bilimleri Enstitüsü, İstanbul, Türkiye, 1-57.

[5] Gören, E. (16.08.2011) Elektrik Motoru ve Hız Kontrol Sistemleri ile Enerji Verimliliği. Siemens San. Ve Tic. A.Ş, İstanbul.

[6] Koca, Z. (2006) Üç Fazlı Asenkron Motorların Yapay Sinir Ağları İle Vektör Esaslı Hız Kontrolü. Yüksek Lisans Tezi, Sütçü İmam Üniversitesi Fen Bilimleri Enstitüsü, Kahramanmaraş, Türkiye, 4-16.

[7] İbrahim Kolbaş, Halit Vahapoğlu, Prof. Dr. İbrahim Şenol, Yr. Doç. Dr. Nur Bekiroğlu (21 – 22 Ekim 2011) Yeni Bir Asenkron Motor Sürücü Algoritmasının Gerçekleştirilmesi. Endüstriyel Otomasyon Sempozyumu ve Sergisi, İTÜ - Süleyman Demirel Kültür Merkezi.

[8] Açıkgöz, H. (2010) Vektör Denetim Yöntemi Ve Doğrudan Moment Denetim Yöntemi Uygulanan Bir Asenkron Motorda Hız Denetim Performanslarının Karşılaştırılması. Yüksek Lisans Tezi, Fırat Üniversitesi Fen Bilimleri Enstitüsü, Elazığ, Türkiye.

[9] Ateş, M. H. ; Peşint, M. A. (1990) Elektrik Makinalarının Esasları. Gazi Üniversitesi Yayın No:144, Ankara, Türkiye, 168-647.

[10] Mohan, N. ; Undeland T.M. Robbins W.P. (2007) Güç Elektroniği. Literatür, 2. Basımdan çeviri, 427-461.

[11] Kaygısız, F. (2008) Asenkron Makinaların Matlab'da Tasarımı ve Analizi. Yüksek Lisans Tezi, Dumlupınar Üniversitesi Fen Bilimleri Enstitüsü, Kütahya, Türkiye, 2-42.

[12] Aktaş, M.; Okumuş, H.İ. Asenkron motorun adaptif histerezis bandlı doğrudan moment kontrolünde inverter sabit anahtarlama frekansının elde edilmesi. Elektrik-elektronik- bilgisayar mühendisliği 10. Ulusal kongresi, İstanbul.

[13] S. Altındağ (2007) Yüksek verimli motor kullanmanın gerekliliği. 3E electrotech dergisi Aralık 2006, sf:42-47.

[14] Akova, F. (2011) Elektrik Motor Sistemlerinde Enerji Verimliliğine Bakış. Verimli Endüstriyel Komponentler İç ve Dış Tic. Ltd. Şti, İstanbul, Türkiye.

[15] Enerji Verimliliği ve Elektrik Motorlarında Verimlilik Sınıfları, http://www.enday.com.tr/enerjiverimlilik.asp, 16.08.2011.

[16] Bakan F.A. Asenkron motorda doğrudan moment kontrolü ders notları, www.yildiz.edu.tr\~fbakan, 2011.

[17] Öztürk, M. (2006) Uzay Vektör Modülasyonu İle Asenkron Motor Kontrolü. Yüksek Lisans Tezi, Yıldız Teknik Üniversitesi Fen Bilimleri Enstitüsü, İstanbul, Türkiye, 2-11.

[18] Sarıoğlu, M.K. ; Gökaşan, M. ve Boğosyarı, S. (2003) Asenkron Makinalar ve Kontrolü. Birsen Yayınevi, İstanbul.

[19] Lorenz, R.D. ; Lipo, T.A. and Novotny; D.W. (1994) Motion Control With İnduction Motors. Proceeding of the İEEE, 8(8):1215-1240.

[20] Saygın, A. (2004) Asenkron Motor Hız Kontrolünün matris konverter ile Hızının Denetlenmesi. Doktora Tezi, Gazi Üniversitesi Fen Bilimleri Enstitüsü, Ankara, Türkiye.

[21] Karaman, Ö, A. (2010) Doğrudan Moment Kontrollü Motor Sürücü Sisteminin İncelenmesi. Yüksek Lisans Tezi, Fırat Üniversitesi Fen Bilimleri Enstitüsü, Elazığ, Türkiye.

[22] ABB, ACS 800, Programlama Kılavuzu.

[23] Jurkovic, S. (2003) Inductıon Motor Parameters Extractıon.

[24] Okumuş, H. İ. Doğrudan moment kontrollü asenkron makinalarda akı düşüşünün azaltılması. Karadeniz Teknik Üniversitesi Mühendislik Mimarlık Fakültesi, Elektrik-Elektronik Mühendisliği Bölümü, Trabzon, Türkiye

FSC
www.fsc.org
MIX
Papier | Fördert gute Waldnutzung
FSC® C083411

Kolibri 360 GmbH
Ferdinand-Jühlke-Straße 7
99095 Erfurt, Deutschland
produktsicherheit@kolibri360.de

Druck:
CPI Druckdienstleistungen GmbH
im Auftrag der
Kolibri 360 GmbH
Ferdinand-Jühlke-Str. 7
99095 Erfurt